班组安全行丛书

# 电气安全知识（第三版）

韩绪鹏　主编

中国劳动社会保障出版社

**图书在版编目（CIP）数据**

电气安全知识/韩绪鹏主编. -- 3 版. -- 北京：中国劳动社会保障出版社，2023

（班组安全行丛书）

ISBN 978-7-5167-5886-1

Ⅰ.①电… Ⅱ.①韩… Ⅲ.①电气设备-安全技术 Ⅳ.①TM08

中国国家版本馆 CIP 数据核字（2023）第 089382 号

**中国劳动社会保障出版社出版发行**

（北京市惠新东街 1 号 邮政编码：100029）

\*

北京市科星印刷有限责任公司印刷装订 新华书店经销

880 毫米×1230 毫米 32 开本 6.625 印张 150 千字
2023 年 7 月第 3 版 2023 年 7 月第 1 次印刷

定价：**22.00** 元

营销中心电话：400-606-6496

出版社网址：http://www.class.com.cn

# 内容简介

随着我国推进"双碳"战略，绿色低碳、柔性灵活、互动融合、智能高效、安全稳定的新型电力系统正在加快构建，终端能源电气化水平稳步提升，电气安全问题越来越受到企业的关注和重视。为适应新型电力系统下企业电气工人安全教育工作，贯彻落实《中华人民共和国安全生产法》的要求，本书融入电气安全领域新技术、新标准、新规范、新知识，分为电工安全技术基础知识、发电厂与电网运行维护安全技术、维修电工与建筑电工安全技术三部分，涵盖常用电工材料和电工仪表使用、预防触电、触电急救技术、电气防火防爆、保障电气安全的要求和措施、发电厂安全运行技术、变配电站安全运行技术、电力线路安全运行技术、常用电压电器及控制线路安装、电气照明与电能计量装置、建筑供电与用电安全、电梯电气安全、可编程序控制器安全操作、变频器安全操作等内容。本书采用问答式体例，浅显易懂，实用性强，贴近生产一线，可作为各类企业电气工人的培训教材，也可作为高等职业教育电力技术类专业电力安全生产技术课程教材，还可供从事电力企业生产管理的人员阅读和参考。

本书主编为韩绪鹏，副主编为曾毅、李含霜、韦贤俊、李欣桐、卢迪墨，参加编写的人员有梁石晶、罗松林、杨波、蔡艳。本书由韩绪鹏负责统稿。本书在编写过程中得到了广西电力职业技术学院、广东电网有限责任公司、广西电网有限责任公司、广西壮族自治区应急管理厅、中国劳动社会保障出版社的大力支持和帮助。

# 前言

　　班组是企业最基本的生产组织，是实际完成各项生产工作的部门，始终处于安全生产的第一线。班组的安全生产，对于维持企业正常生产秩序，提高企业效益，确保职工安全健康和企业可持续发展具有重要意义。据统计，在企业的伤亡事故中，绝大多数属于责任事故，而90%以上的责任事故又发生在班组。可以说，班组平安则企业平安，班组不安则企业难安。由此可见，班组的安全生产教育培训直接关系企业整体的生产状况乃至企业发展的安危。

　　为适应各类企业班组安全生产教育培训的需要，中国劳动社会保障出版社组织编写了"班组安全行丛书"。该丛书自出版以来，受到广大读者朋友的喜爱，成为他们学习安全生产知识、提高安全技能的得力工具。其间，我社对大部分图书进行了改版，但随着近年来法律法规、技术标准、生产技术的变化，不少读者通过各种渠道给予意见反馈，强烈要求对这套丛书再次进行改版。为此，我社对该丛书重新进行了改版。改版后的丛书共包括17种图书，具体如下：

　　《安全生产基础知识（第三版）》《职业卫生知识（第三版）》《应急救护知识（第三版）》《个人防护知识（第三版）》《劳动权益与工伤保险知识（第四版）》《消防安全知识（第四版）》《电气安全知识（第三版）》《危险化学品作业安全知识》《道路交通运输安全知识（第二版）》《金属冶炼安全知识（第二版）》《焊接安全知识

(第三版)》《起重安全知识（第二版)》《高处作业安全知识（第二版)》《有限空间作业安全知识（第二版)》《锅炉压力容器作业安全知识（第二版)》《机加工和钳工安全知识（第二版)》《企业内机动车辆安全知识（第二版)》。

　　该丛书主要有以下特点：一是具有权威性。丛书作者均为全国各行业长期从事安全生产、劳动保护工作的专家，既熟悉安全管理和技术，又了解企业生产一线的情况，所写内容准确、实用。二是针对性强。丛书在介绍安全生产基础知识的同时，以作业方向为模块进行分类，每分册只讲述与本作业方向相关的知识，因而内容更加具体，更有针对性。班组可根据实际需要选择相关作业方向的分册进行学习。三是通俗易懂。丛书以问答的形式组织内容，而且只讲述最常见、最基本的知识和技术，不涉及深奥的理论知识，因而适合不同学历层次的读者阅读使用。

　　该丛书按作业内容编写，面向基层，面向大众，注重实用性，紧密联系实际，可作为企业班组安全生产教育培训的教材，也可供从事安全生产工作的有关人员参考、使用。

# 目录

IV

V

IX

X

第一部分 电工安全技术基础知识

## 1. 常见电工材料有哪几种类型？

常见的电工材料包括导电材料、绝缘材料、磁性材料。

（1）导电材料。电工常用的导电材料主要是金属及其制品，主要用途是传导电流。导电材料一般包括架空线路、室内布线用的各种电线、电缆，以及电机和电器中绕组用的电磁线、触头、电刷、接触片及其他导电零件。其中，应用最多的是电线和电缆。

（2）绝缘材料。绝缘材料是使电气设备中不同带电体相互绝缘而不形成电气通道的材料。绝缘材料应具有良好的介电性能，即具有较高的绝缘电阻和耐压强度；具有较好的耐热性能、导热性能和较高的机械强度，并便于加工。

（3）磁性材料。磁性材料按特性和用途一般分为软磁材料和硬磁材料（又称永磁材料）两大类。电工产品中应用最广的为软磁材料。软磁材料的磁导率高、矫顽力低，在磁场强度较低的外磁场下，能产生高的磁感应强度，而且随着外磁场强度的增加能很快达到饱和，外磁场去掉后，磁性又基本消失。常用的软磁材料主要有电工纯铁（又称电磁纯铁）和电工硅钢片等。

## 2. 常用电工绝缘材料有哪几种类型？什么是绝缘结构？

常用电工绝缘材料按其来源分，有天然和人工合成两类。前者包括棉纱、布、天然树脂、天然橡胶、植物油及石油类产品等，后者包括玻璃纤维、合成纤维、合成薄膜和树脂等。按形态分，电工绝缘材料有气体、液体、弹性体和固体类，尤以固体品种最多。按化学性质及分子结构分，电工绝缘材料有无机、有机和混合3类。

（1）无机绝缘材料。其化学分子结构中不含碳元素，有云母、石棉、大理石、瓷器、玻璃、硫黄等。无机绝缘材料主要用作电机、电器的绕组绝缘及开关的底板和绝缘子等。

（2）有机绝缘材料。其化学分子结构中含有碳元素，有虫胶、树脂、橡胶、纸、棉纱、麻、蚕丝、人造丝等。有机绝缘材料大多用于制造绝缘漆和绕组导线的被覆绝缘物。

（3）混合绝缘材料。混合绝缘材料是由无机和有机两种绝缘材料经过加工制成的各种成型绝缘材料，主要用于电器的底座、外壳等。

绝缘结构是指一种或几种绝缘材料的组合。根据电气设备的特点和尺寸要求，将它与导体部件设计成为一个整体，用以隔绝有电位差的导电部分。

## 3. 电气设备的绝缘电阻值有何要求？

物体的绝缘电阻是其表面电阻和体积电阻的并联值。电气设备和线路带电体对地的直流电阻值是检验电气绝缘程度的重要指标，现场一般用兆欧表测量。

《电气装置安装工程　电气设备交接试验标准》（GB 50150—2016）规定，一般低压设备和线路的绝缘电阻应不低于 0.5 MΩ，照明线路的绝缘电阻应不低于 0.25 MΩ，携带式电气设备的绝缘电阻应不低于 2 MΩ，配电盘二次侧线路的绝缘电阻应不低于 1 MΩ，在较潮湿等恶劣条件下工作的低压设备和线路的绝缘电阻应不低于 1 MΩ。高压线路和设备的绝缘电阻一般应不低于 1 000 MΩ，架空线路每个悬式绝缘子的绝缘电阻应不低于 300 MΩ。

## 4. 绝缘材料分为哪几个耐热等级？不同耐热等级的绝缘材料对应的极限温度是多少？

因为绝缘材料在不同温度下的绝缘性能有很大差异，所以国际电工委员会（简称 IEC）按电气设备正常运行所允许的最高工作温度（即耐热等级），将绝缘材料分为 Y、A、E、B、F、H、C 7 个耐热等级。绝缘材料的耐热等级及其极限工作温度见表 1-1。

表 1-1    绝缘材料的耐热等级及其极限工作温度

| 耐热等级 | 绝缘材料 | 极限工作温度/℃ |
|---|---|---|
| Y | 木材、棉花、纸、纤维等天然的纺织品，以醋酸纤维和聚酰胺为基础的纺织品，以及易于热分解和熔点较低的塑料 | 90 |
| A | 工作于矿物油中以及用油或油树脂复合胶浸过的 Y 级材料、漆包线、漆布及油性漆、沥青漆等 | 105 |
| E | 聚酯薄膜与 A 级材料组成的复合材料、玻璃布、油性树脂漆、聚乙烯醇缩醛高强度漆包线、乙酸乙烯耐热漆包线 | 120 |
| B | 聚酯薄膜，经适树脂浸渍涂覆的云母、玻璃纤维、石棉等制品，聚酯漆，聚酯漆包线 | 130 |
| F | 以有机纤维材料补强和石棉带补强的云母片制品、以玻璃丝和石棉纤维为基础的层压制品、以无机材料补强和石棉带补强的云母粉制品、化学热稳定性较好的聚酯和醇酸类材料、复合硅有机聚酯漆 | 155 |

续表

| 耐热等级 | 绝缘材料 | 极限工作温度/℃ |
|---|---|---|
| H | 无补强或以无机材料为补强的云母制品、加厚的 F 级材料、复合云母、有机硅云母制品、硅有机漆、硅有机橡胶聚酰亚胺复合玻璃布、复合薄膜、聚酰亚胺漆等 | 180 |
| C | 耐高温有机黏合剂和浸渍剂及无机物如石英、石棉、云母、玻璃和电瓷材料等 | >180 |

## 5. 什么是导线压接？导线压接的注意事项有哪些？

导线压接就是用接线端的金属压线筒包住裸导线，用手动或自动的专用压接工具对压线筒进行机械压紧而产生的连接。导线压接是使金属在规定的限度内发生变形而将导线连接到接触件上的一种技术。导线压接有以下注意事项：

（1）压接管和压模的型号应与所连接导线的型号一致。

（2）钳压模数和模间距应符合规程要求。

（3）压坑不得过浅，否则压接管握着力不够，接头容易抽出。

（4）每压完一个坑，应保持压力至少 1 min 再松开。

（5）如果是钢芯铝绞线，在压接管中的两导线之间应填入铝垫片，以增加接头握着力，并保证导线接触良好。

（6）在连接前，应将连接部分、压接管内壁用汽油清洗干净（导线的清洗长度应为压接管长度的 1.25 倍以上），然后涂上中性凡士林油，再用钢丝刷擦拭一遍。如果凡士林油已被污染，应抹去重涂。

（7）压接完毕，在压接管的两端应涂以红色油漆。

（8）有下列情形之一者，需要切断重接：

1）管身弯曲度超过管长的 3%。

2）压接管有裂纹。

3）压接管电阻大于等长度导线的电阻。

# 6. 常用的电工仪表有哪些类型? 作用分别是什么?

常用的电工仪表包括指示仪表、比较仪表、图示仪表以及数字仪表。

（1）指示仪表。指示仪表用于将电量直接转换成指针偏转角，如指针式万用表、指针式电流表等。

（2）比较仪表。比较仪表用于比较法测量，包括各类交、直流电桥及直流电位差计等。比较法测量准确度高，但操作比较复杂。

（3）图示仪表。图示仪表主要用来显示两个相关量的变化关系，这类仪表直观效果好，常用的有示波器。

（4）数字仪表。数字仪表是采用数字测量技术，将被测的模拟量转换成为数字量直接读出，常用的有数字电压表、数字万用表等。

# 7. 什么是电工仪表的准确度?

电工仪表的准确度是指仪表在规定条件下工作时，可能产生的最大误差占满刻度的百分数。电工仪表的准确度与基本误差有关，基本误差越小，表明仪表的准确度越高。根据《工业过程测量和控制用检测仪表和显示仪表精确度等级》（GB/T 13283—2008）的规定，各级仪表的准确度等级和基本误差见表 1-2。

表 1-2　　　　　各级仪表的准确度等级和基本误差

| 准确度等级 | 0.1 | 0.2 | 0.5 | 1.0 | 1.5 | 2.5 | 5.0 |
|---|---|---|---|---|---|---|---|
| 基本误差/% | ±0.1 | ±0.2 | ±0.5 | ±1.0 | ±1.5 | ±2.5 | ±5.0 |

注：其他准确度等级还有 0.05、0.3、2.0、3.0、10.0、20.0。

# 8. 万用表的作用是什么？如何正确使用模拟万用表？

万用表是一种多量程、多用途的电工仪表。一般的万用表可测量直流电流、直流电压、交流电压、电阻等，有些万用表还可测量交流电流、功率、电感、电容和音频电平等。

万用表量程较多，其结构形式各不相同，往往因使用不当或疏忽大意造成测量误差或损坏事故，因此必须正确使用。

模拟万用表正确使用方法如下：

（1）在使用前，应先检查指针是否指在零位上。如果指针不指在零位上，可调整零位调整器，使指针恢复零位，以确保测量结果准确。

（2）将表笔插在对应的插孔上。红色表笔应插在"＋"接线柱上，黑色表笔应插在"－"接线柱上。

（3）根据被测的对象，将转换开关旋至需要的挡位。在进行种类选择时，要认真核对，否则就有可能带来严重后果。在选择挡位以后，仔细核对并确认无误后，方可进行测量。

（4）选择合适的量程。根据被测量的大致范围，将转换开关旋至该种类区间适当量程上。通常，在测量电流、电压时，应使指针偏转在量程的 1/2 至满偏，读数较为准确；若预先不知被测量的大小，为避免量程选得过小而损坏万用表，应选择该种类最大量程预测，然后根据预测量，选择合适的量程，以减小测量误差。在测量电阻时，应选择恰当倍率，使指针偏转在量程的 1/3～2/3 处，读数较为准确，且每次更换倍率时，都需要进行调零。

（5）操作要安全，不可带电切换量程开关，尤其是在测量较高电压和较大电流时。

（6）正确读数。模拟万用表的标度盘上有多条标度尺，分别代表不同的测量种类。测量时，应根据转换开关所选择的种类及量程，在对应的标度尺上读数，并应注意所选择的量程与标度尺上读数的倍率关系。

（7）万用表使用完毕，应将转换开关置于交流电压的最高挡或"OFF"挡。如果长期不使用，还应将万用表内部的电池取出来，以免电池腐蚀表内其他器件。

## 9. 绝缘电阻表的作用是什么？使用绝缘电阻表的注意事项有哪些？

绝缘电阻表俗称摇表，又称兆欧表，是专门用来测量电气设备、供电线路绝缘电阻的一种携带式仪表。使用绝缘电阻表应注意以下事项：

（1）选择合适的电压等级。选用绝缘电阻表电压时，应使其额定电压与被测电气设备或线路的工作电压相适应，不能用电压过高的绝缘电阻表测量低电压电气设备的绝缘电阻，以免损坏被测设备的绝缘。不同额定电压的绝缘电阻表的使用范围见表1-3。

表 1-3　　　　不同额定电压的绝缘电阻表的使用范围

| 被测对象 | 被测设备额定电压/V | 绝缘电阻表额定电压/V |
|---|---|---|
| 线圈的绝缘电阻 | 500 以下 | 500 |
| | 500 以上 | 1 000 |
| 发电机线圈的绝缘电阻 | 380 以下 | 1 000 |
| 电力变压器、发电机、电动机线圈的绝缘电阻 | 500 以上 | 1 000～2 500 |
| 电气设备绝缘电阻 | 500 以下 | 500～1 000 |
| | 500 以上 | 2 500 |
| 绝缘子母线隔离开关绝缘电阻 | — | 2 500～5 000 |

（2）选择合适的测量范围。在选择绝缘电阻表测量范围时，应注意不能使绝缘电阻表的测量范围过多地超出所需测量的绝缘电阻值，以减小误差。另外，还应注意绝缘电阻表的起始刻度，刻度不是从零开始的绝缘电阻表一般不宜用来测量低电压电气设备的绝缘电阻。

（3）测量前，应切断被测设备的电源，并对被测设备进行充分的放电，保证被测设备不带电。用绝缘电阻表测试过的电气设备，也要及时放电，以确保安全。

（4）清洁被测对象的表面并保持干燥，以减小测量误差。

（5）测量前对绝缘电阻表进行开路和短路测试。开路测试时，将绝缘电阻表的接地端头"E"和火线端头"L"开路，摇动手柄的速度由慢逐渐加快到 120 r/min，指针指到"∞"；短路测试时，将绝缘电阻表的接地端头"E"和火线端头"L"短接，轻摇手柄，指针指向"0"，说明绝缘电阻表完好。

（6）绝缘电阻表与被测设备间的连接线应用单根绝缘导线分开连接。两根连接线不可缠绞在一起，也不可与被测设备或地面接触，以避免导线绝缘不良而引起误差。将被测对象的接地端接于绝缘电阻表的接地端头"E"上，测量端接于绝缘电阻表的火线端头"L"上。如果被测对象表面的泄漏电流较大，对重要的被测对象（如大容量发电机、变压器、长距离高压电力电缆等），为避免表面泄漏电流的影响，必须屏蔽泄漏电流，屏蔽线应接在绝缘电阻表的屏蔽端头"G"上。

（7）测量时，摇动手柄的速度由慢逐渐加快，使转速保持在 120 r/min 约 1 min，读数稳定后再读数，以确保测量结果准确。如果被测设备绝缘损坏，指针指向"0"，应立即停止摇动手柄，以防表内线圈发热而损坏仪表。

（8）读取绝缘电阻值之后，先断开接至被测对象的火线端头"L"，再使绝缘电阻表停止转动，以免被测对象的电容经绝缘电阻表放电而损坏绝缘电阻表。

## 10. 什么是接地电阻测试仪？使用接地电阻测试仪的注意事项有哪些？

接地电阻测试仪是用于测量电气设备接地装置接地电阻值和土壤电阻率的仪器。常用的接地电阻测试仪有手摇发电机式和半导体电子式两种。

正确使用接地电阻测试仪应注意以下几点：

（1）拆开接地干线与接地体的连接点，或拆开接地干线上所有接地支线的连接点。

（2）将两根接地棒分别插入地面400 mm 深，一根离接地体40 m远，另一根离接地体 20 m 远。

（3）将摇表置于接地体近旁平整的地方，按照如下步骤进行接线：用一根连接线（约5 m）连接表上接线柱"E"和接地装置的接地体，一根连接线连接表上接线柱"C"和离接地体 40 m 远的接地棒，一根连接线连接表上接线柱"P"和离接地体 20 m 远的接地棒。

（4）根据被测接地体的接地电阻要求，调节好粗调旋钮（上有三挡可调范围）。

（5）以约120 r/min 的速度均匀地摇动摇表。当表针偏转时，随即调节微调拨盘，直至表针居中，与黑色刻度线重合为止。以微调拨盘调定后的读数，乘以粗调定位倍数，即被测接地体的接地电阻值。

（6）为了保证所测接地电阻值的准确性，应改变方位进行复测。取两次测量值的平均值作为该接地体的接地电阻值。

# 11. 什么是钳形电流表？使用钳形电流表的注意事项有哪些？

钳形电流表又称卡表，是用来在不切断电路的条件下测量交流电流的携带式仪表。使用钳形电流表应注意以下事项：

（1）测量前，应检查钳形电流表的指针是否在零位，若不在，应调至零位。

（2）测量时，应对被测电流进行估计，选好适当的量程。如果被测电流无法估计，应将转换开关置于最高挡，然后根据测量值的大小，变换到合适的量程。应注意不要在测量过程中切换量程，以保障设备及人身安全。

（3）测量时，被测导线应置于钳口的中心位置，以减小测量误差。

（4）为了使读数准确，钳口的结合面应保持良好的接触。被测导线被卡入钳形电流表的钳口后，若发现有明显噪声或表针振动厉害，可将钳口重新开合一次；若噪声依然存在，应检查钳口处是否有污物或生锈，若有，可用汽油擦净。

（5）测量变配电所或动力配电箱内母排的电流时，为了防止钳形电流表钳口张开而引起相间短路，最好在母排之间用绝缘隔板隔开。

（6）测量 5 A 以下的电流时，为得到准确的读数，在条件允许的情况下，可将被测导线多绕几圈放进钳口内测量，实际电流值应为仪表读数除以钳口内导线的根数。

（7）禁止用钳形电流表测量高压电路中的电流及裸线电流，以免发生触电事故。

（8）钳形电流表不用时，应将其量程转换开关置于最高挡或

"OFF"挡，以免下次误用而损坏仪表，并将其存放在干燥的室内，钳口铁芯相接处应保持清洁。

（9）在使用带有电压测量功能的钳形电流表时，电流、电压的测量应分别进行。

## 12. 为什么三相四线制照明线路的零线不允许装设熔断器，而单相双线制照明线路的零线又必须装设熔断器？

在三相四线制 380/220 V 中性点接地的系统中，如果零线装设熔断器，当熔丝熔断时，断点后面的线路上如果三相负荷不平衡，负荷小的一相将出现较高电压，从而烧坏灯具和其他用电设备，所以零线上不准装设熔断器。

对于生活用的单相双线制照明线路，大部分使用者不熟悉电气相关知识，有时修理和延长线路时会将相线和零线错接，且即使零线断路，也不致引起灯具烧坏事故，所以零线上都应装设熔断器。

## 13. 为什么单相电能表相线与零线不能颠倒？

单相电能表相线与零线颠倒的接线是一种错误的接线，虽然在一般情况下电能表能正确计量电能，但在特殊情况下，例如用户将灯具、收音机等接到相线与大地接触的设备（如暖气管、自来水管等）上，则负荷电流可能不流过或很少流过电能表的电流线圈，从而造成电能表不计或少计电能。更严重的是，这样做会增加不安全因素，容易造成人身触电事故。因此，单相电能表的相线与零线不能颠倒。

## 14. 电力安全用具有哪些类别？

电气安全用具根据其基本作用可分为电气绝缘安全用具和一般防

护安全用具两大类。

（1）电气绝缘安全用具是用来防止电气作业人员直接触电的安全用具，分为基本电气安全用具和辅助电气安全用具两种。

1）基本电气安全用具是指绝缘强度能长期承受设备的工作电压，并且在该电压等级产生内部过电压时能保障人身安全的绝缘工具。基本电气安全用具可直接接触带电体，如绝缘棒、验电器等。

2）辅助电气安全用具主要是指用来进一步加强基本电气安全用具绝缘强度的工具，如绝缘手套、绝缘靴、绝缘垫等。

（2）一般防护安全用具主要用于防止停电检修的设备突然来电而发生触电事故，或防止作业人员走错间隔、误登带电设备、电弧灼伤和高处坠落等事故的发生。这种安全用具虽不具备绝缘性能，但对保障电气作业安全是必不可少的。

## 15. 高压配电室的安全工具有哪些？

高压配电室的安全工具包括挡鼠板、验电器、绝缘胶板、安全标识牌、绝缘毯、绝缘手套、绝缘靴、灭火器、安全工具柜。

（1）挡鼠板。老鼠常在变电所、电力电信机房、配电变压器上爬行，威胁电力系统安全运行。因此，挡鼠板在配电室中起着关键的作用。

（2）验电器。验电器是用于检示电位差或电荷的静电系仪表，在配电室的安全操作中起着重要作用。

（3）绝缘胶板。绝缘胶板具有防振、防滑、防撞功能，广泛应用于变电站、发电厂、配电室、试验室以及野外带电作业等。

（4）安全标识牌。在配电室门口、里面显眼的地方悬挂"非工作人员禁止入内""禁止吸烟""当心触电"等警示标语。

（5）绝缘毯。配电室中的配电盘前应布置等宽并大于 1 m、厚度不小于 5 mm 的绝缘毯，作用是隔离静电和作业人员来回走动时所带来的回路电流，避免对人体造成伤害。

（6）绝缘手套、绝缘靴。这类防护用品是为了方便作业人员操作，保护作业人员以及进入配电室人员的安全，预防触电事故。

（7）灭火器。在配电室内，线路故障或者一些其他的因素会导致短路起火。因此，配电室内的灭火器配备是重中之重。

（8）安全工具柜。绝缘工具（包括带电作业工具、安全工具等）广泛应用于电力系统各项作业。

## 16. 验电器有哪些类型？验电器使用注意事项有哪些？

验电器也称携带型电压指示器，分为低压验电器和高压验电器两类，是检测设备或导线是否带电的轻便仪器。

（1）低压验电器又称为试电笔，是一种用氖灯指示是否带电的基本电气安全用具。试电笔的使用要注意以下事项：

1）使用时，必须按照图 1-1 所示的使用方法握妥试电笔，以手指触及笔尾的金属体。

2）使用前，应先在有电的电源上检查试电笔能否正常发光。

3）使用时，在明亮光线下不易看清氖灯是否发光，应注意避光。

4）用试电笔区分相线和零线。使氖灯发光的是相线，不发光的是零线。

5）用试电笔区分交流电和直流电。交流电通过氖灯时，两极附近都发亮；直流电通过氖灯时，仅一个电极附近发亮。

6）用试电笔判断电压的高低。若氖灯发暗红色，轻微亮，则电

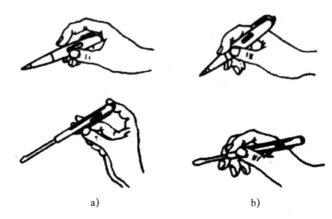

a)                                    b)

图1-1  试电笔的使用方法

a）正确握法  b）错误握法

压低；若氖灯发黄红色，很亮，则电压高。

7）用试电笔识别相线接地故障。在三相四线制电路中，发生单相接地后，用试电笔测试中性线，氖灯会发亮。在三相三线制星形连接的线路中，用试电笔测试三根相线，如果两相很亮，另一相不亮，则这相可能有接地故障。

8）使用前，先检查试电笔内部有无柱形电阻。若无电阻，严禁使用，否则会发生触电事故。

9）一般用右手握住试电笔，左手背在背后或插在衣裤口袋中。人体的任何部位切勿触及与笔尖相连的金属部分。

10）防止笔尖同时搭在两条线上。

（2）高压验电器又称测电器、试电器或电压指示器，是检验电气设备、导线上是否有电的一种专用安全用具。高压验电器的使用要注意以下事项：

1）高压验电器的使用电压等级应与测验电压相等。使用前，应先在同等级带电设备上验电，检查高压验电器是否完好，再到待验设备上检验有无电压。

2）验电时，应逐渐靠近被测带电体，直至氖灯发光。只有氖灯不亮时，才可直接接触带电体。

3）室外测试时，应在天气良好的情况下进行。在雨天、雪天、雾天和湿度较高时，禁止使用。

4）测试时，必须戴上符合耐压要求的绝缘手套，手握部位不得超过护环。不可一人单独测试，身旁应有人监护。测试时应防止发生相间或对地短路事故。人体与带电体应保持足够距离（电压为 10 kV 时，应在 0.7 m 以上）。验电器每半年应做一次预防性试验。

# 17. 绝缘杆的作用是什么？绝缘杆使用注意事项有哪些？

绝缘杆又称绝缘棒，也称绝缘拉杆、操作拉杆，是用于短时间对带电设备进行操作或测量的绝缘工具。绝缘杆可用来操作高压隔离开关和跌落式熔断器的分合，安装和拆除临时接地线，进行放电操作，处理带电体上的异物以及进行高压测量、试验、直接与带电体接触的各项操作。使用绝缘杆应注意以下事项：

（1）使用绝缘杆前，应检查绝缘杆的堵头，如发现堵头破损，禁止使用。

（2）雨雪天在户外用绝缘杆操作电气设备时，其绝缘部分应有防雨罩，罩的上口应与绝缘部分紧密结合，无渗漏现象，罩下部分的绝缘杆保持干燥。

（3）使用绝缘杆时，作业人员应戴绝缘手套，穿绝缘靴（鞋），人体应与带电设备保持足够的安全距离。应注意防止绝缘杆与人体或设备短接，以保持有效的绝缘长度。

（4）操作绝缘杆时，绝缘杆不得直接与墙或地面接触，以防碰伤其绝缘表面。

（5）绝缘杆应存放在干燥的地方，以防止受潮。绝缘杆一般应放在特制的架子上或垂直悬挂在专用挂架上，以防弯曲变形。

（6）绝缘杆应定期进行试验，试验周期为一年。

## 18. 绝缘夹钳的作用是什么？绝缘夹钳使用注意事项有哪些？

绝缘夹钳是用来安装和拆卸高压熔断器或执行其他类似工作的工具，主要用于 35 kV 及以下电力系统。绝缘夹钳使用应注意以下事项：

（1）不允许使用绝缘夹钳装接地线。

（2）在潮湿天气只能使用专用的防雨绝缘夹钳。

（3）绝缘夹钳应保存在特制的箱子内，以防受潮。

（4）绝缘夹钳应定期进行试验，试验周期为一年。

## 19. 绝缘手套的作用是什么？绝缘手套使用注意事项有哪些？

绝缘手套由特种橡胶制成，在低压带电设备上作业时，绝缘手套可作为基本电气安全用具使用。当系统发生接地故障出现接触电压或跨步电压时，绝缘手套能起到一定的防护作用。绝缘手套使用应注意以下事项：

（1）使用前应进行外部检查，查看有无磨损、破漏、划痕等损伤。绝缘手套可用吹气卷筒法检查是否有砂眼漏气，有损伤及砂眼漏气的禁止使用。使用绝缘手套时，最好先戴棉纱手套，夏天可吸汗，冬天可以保暖；若橡胶被弧光熔化，棉纱手套还可防止灼烫手指。

（2）绝缘手套应定期进行试验，试验按高压试验规程进行，试验周期为 6 个月，试验合格应有明显标志并注明试验日期。

（3）使用后应擦净、晾干，在绝缘手套上撒一些滑石粉，以免粘连。

（4）不合格的绝缘手套不应与合格的混放在一起，以避免错拿错用。

## 20. 绝缘靴的作用是什么？绝缘靴使用注意事项有哪些？

绝缘靴（鞋）由特种橡胶制成，在任何电压等级的电气设备上作业时，绝缘靴（鞋）可作为与地保持绝缘的辅助电气安全用具。绝缘靴（鞋）在任何电压等级下可作为防护跨步电压的基本电气安全用具。绝缘靴（鞋）使用应注意以下事项：

（1）使用前应进行外部检查，查看有无磨损、破漏、划痕等损伤，有损伤的禁止使用。

（2）绝缘靴（鞋）应定期进行试验，试验按高压试验规程进行，试验周期为 6 个月，试验合格应有明显标志并注明试验日期。

（3）使用后应擦净、晾干。不合格的绝缘靴（鞋）不应与合格的混放在一起，以避免错拿错用。

## 21. 绝缘垫、绝缘毯、绝缘台的作用及试验周期是什么？

绝缘垫、绝缘毯、绝缘台均属于辅助电气安全用具，为保障其使用安全，要求对其进行周期试验，绝缘垫、绝缘毯、绝缘台的试验周期分别为 2 年、6 个月以及 3 年。

（1）绝缘垫的试验周期为 2 年。绝缘垫一般铺在配电装置室的地面上，用以提高作业人员对地绝缘程度，防止接触电压和跨步电压对人体的伤害。在低压配电室地面铺上绝缘垫，作业人员站在上面可不使用绝缘手套和绝缘靴。在发电机、电动机滑环处和励磁机的整流子处铺上绝缘垫，在维护时可不必穿绝缘靴。

（2）绝缘毯的试验周期为 6 个月。绝缘毯一般铺设在高、低压开关柜前，用作固定的辅助电气安全用具。

（3）绝缘台的试验周期为 3 年。绝缘台是安装调试过程中的一种安全工具，作业人员站立在其上对地形成绝缘，安装完成后随即拆除，只是临时设施。绝缘台多用于变电站和配电室内。

## 22. 携带型接地线的作用是什么？携带型接地线装、拆注意事项有哪些？

携带型接地线是在电力系统断电后使用的一种临时性高压接地线。当对高压设备进行停电检修或其他作业时，接地线可防止设备突然来电，避免邻近高压带电设备产生感应电压对人体造成危害，还可用以放尽断电设备的剩余电荷。携带型接地线装、拆有以下注意事项：

（1）使用时，接地线的连接器（线卡或线夹）装上后应接触良好，并有足够的夹持力，以防短路电流幅值较大时，由于接触不良而熔断或因电动力的作用而脱落。

（2）应检查接地铜线和三根短接铜线的连接是否牢固，一般应由螺栓紧固，再加焊锡焊牢，以防因接触不良而熔断。

（3）装设接地线必须由两人进行，装、拆接地线均应使用绝缘杆和绝缘手套。

（4）每次装设接地线前应对其进行详细检查，损坏的接地线应及时修理或更换，禁止使用不符合规定的导线作为接地线或短路线。

（5）接地线必须使用专用线夹固定在导线上，禁止用缠绕的方法进行接地或短路。

（6）每组接地线均应编号，并存放在固定的地点，存放位置亦应编号。接地线号码与存放位置号码必须一致，以免在较复杂的系统中进行部分停电检修时，误拆或忘拆接地线而造成事故。

（7）接地线和工作设备之间不允许连接隔离开关或熔断器，以防它们断开时，设备失去接地而使检修人员发生触电事故。

## 23. 安全带的作用是什么？安全带使用、日常保管、保养注意事项有哪些？

安全带是高处作业人员预防坠落的防护用品。安全带使用、日常保管、保养应注意以下事项：

（1）安全带使用前，必须进行以下外观检查：

1）组件完整，无短缺、伤残破损。

2）绳索、编带无脆裂、断股或扭结。

3）金属配件无裂纹，焊接无缺陷，无严重锈蚀。

4）挂钩的钩舌咬口平整不错位，保险装置完整可靠。

5）铆钉无明显偏位，表面平整。

如发现不合格者，应禁止使用。平时不用时也应每月对安全带进行一次外观检查。

（2）安全带应系挂在牢固的物体上，禁止系挂在移动或不牢固的物体上，不得系挂在棱角锋利处。安全带要高挂或平行拴挂，严禁低挂高用。在杆塔上工作时，应将安全带后备保护绳系挂在安全牢固的构件上（带电作业视具体任务决定是否系挂后备保护绳），不得失去后备保护。

（3）安全带使用和存放时，应避免接触高温、明火和酸类物质，以及有锐角的坚硬物体和化学药物。

（4）可将安全带放入低温水中，用肥皂轻轻擦洗，再用清水漂洗干净，最后晾干。不允许将安全带浸入热水中，以及在日光下暴晒或用火烤。

（5）安全带上的各种部件不得任意拆掉，更换新绳时要注意加绳套。安全带使用期限为 3~5 年，发现异常应提前报废。

## 24. 电力安全帽的作用是什么？佩戴电力安全帽的注意事项有哪些？

电力安全帽是用来保护使用者头部或减缓外来物体冲击伤害的个人防护用品。使用电力安全帽应注意以下事项：

（1）使用电力安全帽前应进行外观检查，检查电力安全帽的帽壳、帽箍、顶衬、下颏带、后扣（或帽箍扣）等组件，确保完好无损，帽壳与顶衬缓冲空间在 25~50 mm。

（2）戴上电力安全帽后，耳朵在帽带三角区，应将后扣拧到合适位置（或将帽箍扣调整到合适位置），系好下颏带，防止作业中电力安全帽前倾后仰或其他原因造成滑落。

（3）电力安全帽的使用期限视使用状况而定，若使用、保管良好，可使用 5 年以上。

## 25. 遮栏的作用是什么？使用遮栏的注意事项有哪些？

遮栏的作用：当高压电气设备部分停电检修时，防止检修人员走错位置而误入带电间隔及过分接近带电部分。此外，遮栏也用作检修安全距离不够时的安全隔离装置。

遮栏必须安置牢固，并悬挂"止步，高压危险！"安全标识牌。

遮栏所在位置不能影响工作，与带电设备的距离不小于规定的安全距离。

## 26. 正压式消防呼吸器的作用是什么？正压式消防呼吸器使用的注意事项有哪些？

正压式消防呼吸器（简称空气呼吸器），是用于无氧环境中的呼吸器。抢险救护人员使用它能够在充满浓烟、毒气、蒸气或缺氧的恶劣环境下安全地进行灭火、抢险救灾和救护工作。正压式消防呼吸器使用应注意以下 3 个事项：

（1）使用者应根据其面型尺寸选配适宜的面罩号码。

（2）使用前应检查面罩的完整性和气密性，面罩密合框应与人体面部密合良好，无明显压痛感。

（3）使用中应注意有无泄漏。

## 27. 过滤式防毒面具的作用是什么？过滤式防毒面具使用的注意事项有哪些？

过滤式防毒面具（简称防毒面具），是在有氧环境中使用的呼吸器。过滤式防毒面具使用应注意以下事项：

（1）使用防毒面具时，空气中氧气的体积分数不得小于 18%，温度一般为 -30~45 ℃，不能用于槽、罐等密闭容器环境。

（2）使用者应根据其面型尺寸选配适宜的面罩号码。

（3）使用前应检查面罩的完整性和气密性，面罩密合框应与人体面部密合良好，无明显压痛感。

（4）使用中应注意有无泄漏，滤毒罐是否失效。

（5）防毒面具的过滤剂有一定的使用时间，一般为 30~100 min。

若过滤剂失去过滤作用（面具内有特殊气味），应及时更换。

## 28. 防静电服、防电弧服的作用分别是什么？

防静电服的全称为静电感应防护服，在有静电的场所用于降低人体电位，避免服装上带高电位引起其他危害。防静电服是 10~500 kV 带电作业时的必备服装，能有效地保护人体免受高压电场及电磁波的影响。

防电弧服用于减轻或避免电弧散发出的大量热能辐射和飞溅熔化物伤害。防电弧服具有阻燃、隔热、抗静电、防电弧爆的功能，不会因为水洗导致失效或变质。防电弧服一旦接触电弧火焰或高温，内部的高强低延伸防弹纤维会自动迅速膨胀，从而使面料变厚且密度变高，形成对人体具有保护作用的屏障。

## 29. 静电有哪些危害？消除静电危害的方法有哪些？

静电是一种静止不动的电。当电荷积聚不动时，这种电荷称为静电。静电现象是电荷产生和消失过程中产生的电现象的总称，在一般工业生产中，静电具有高电位、低电量、小电流和作用时间短的特点。

静电的危害：引起爆炸和火灾；造成电击伤害；妨碍生产，降低产品质量。消除静电危害的方法有泄漏法、中和法以及工艺控制法。

（1）泄漏法。泄漏法是指通过接地、增湿、加入抗静电剂、涂导电材料等方法消除静电。

（2）中和法。中和法是指利用感应中和器、高压中和器、放射线中和器等设备消除静电。

（3）工艺控制法。工艺控制法就是在设计产品生产工艺时，选择不易产生静电的材料及设备，控制工艺过程并使之不产生静电或产生的静电不超过危险程度。

# 30. 什么是安全标识牌？安全标识牌的作用是什么？

安全标识牌是以红色、黄色、蓝色、绿色为主要颜色，辅以边框、图形符号或文字的标志，用于表达与安全有关的信息。

安全标识牌的作用是警告作业人员不得接近设备的带电部分，提醒作业人员在作业地点采取安全措施，以及表明禁止向某设备合闸送电等。

# 31. 低压电工作业悬挂的安全标识牌有哪些类型？作业时哪些地方要悬挂安全标识牌和装设遮栏？

低压电工作业应悬挂的安全标识牌有"禁止合闸，有人工作！""止步，有电危险！""禁止攀登，有电危险！"3 种。

应悬挂安全标识牌和装设遮栏的部位具体如下：

（1）在下列断路器、隔离开关的操作手柄上应悬挂"禁止合闸，有人工作！"安全标识牌：

1）一经合闸即可送电到作业地点的断路器、隔离开关。

2）已经停用的设备，一经合闸即可启动并造成人身触电危险、设备损坏，或引起总剩余电流保护器动作的断路器、隔离开关。

3）一经合闸会使两个电源系统并列，或引起反送电的断路器、隔离开关。

（2）在以下地点应悬挂"止步，有电危险！"安全标识牌：

1）运行设备周围的固定遮栏上。

2）施工地段附近带电设备的遮栏上。

3）因电气施工禁止通过的过道的遮栏上。

4）做耐压试验时的低压设备周围的遮栏上。

（3）在以下邻近带电线路或设备的场所，应悬挂"禁止攀登，有电危险！"安全标识牌：

1）作业人员或其他人员可能误登的杆塔或配电变压器的台架。

2）距离线路或变压器较近，有可能误攀登的建筑物。

# 32. 触电事故有哪几种类型?

触电事故的类型按触电时人与电源接触的方式可分为直接接触触电和间接接触触电两种。直接接触触电又分单相触电和两相触电。

（1）单相触电。当人体直接触碰带电设备的其中一相时，将有电流经过人体流入大地或接地体，这种触电称为单相触电。单相触电时，人体承受的电压为相电压。单相触电的危险程度与电网的运行方式有关。一般情况下，电网接地的单相触电比电网不接地的单相触电危险性大。

（2）两相触电。当人体的两个部位同时碰触电源的两相时，将有电流从电源的一相经过人体流入另一相，这种触电称为两相触电。两相触电时，人体承受的电压为线电压（线电压是相电压的$\sqrt{3}$倍），所以两相触电比单相触电更容易导致死亡。

（3）漏电触电。电气设备和用电设备在运行时，常因绝缘损坏而使其金属外壳带电，当人们不注意碰上时，将有电流从带电部位经过人体流入大地或接地体，这种触电称为漏电触电。漏电触电时，人体承受的电压由于受漏电部位接触电阻的影响，一般情况下，小于或等于电源的相电压。

（4）跨步电压触电。带电导线断线落地点或故障情况下的接地体周围都存在电场，当人的两脚分别接触该电场内不同的两点时，两脚间将承受电压，这个电压称为跨步电压。在这个电压作用下，将有电流流过人的两腿，这种触电称为跨步电压触电。

# 33. 什么叫电伤？电伤对人体的伤害有哪几种形式？

电伤是指由于电流的热效应、化学效应、光效应或机械效应而对人体外表造成的局部伤害。电伤会在人体留下明显的伤痕，有电灼伤、电烙印、皮肤金属化 3 种。在不是很严重的情况下，电伤一般无致命危险。

（1）电灼伤。电灼伤一般分为接触灼伤和电弧灼伤两种。接触灼伤发生在高压触电事故时，电流流过人体皮肤的进、出口处，一般进口处比出口处灼伤严重。接触灼伤的面积较小，但深度大，大多为三度灼伤，灼伤处呈现黄色或褐黑色，并可伤及皮下组织、肌腱、肌肉及血管，甚至使骨骼呈现炭化状态，一般需要治疗较长时间。电弧灼伤是指在高压系统中由于误操作，如发生带负荷误拉合隔离开关、带电挂地线等，产生强烈电弧而对人造成的严重灼伤。

（2）电烙印。电烙印发生在人体与带电体有良好接触的部位。在人体不被电击的情况下，电流在皮肤表面留下与带电体接触时形状相似的肿块痕迹，即电烙印。电烙印边缘明显，颜色呈灰黄色，有时电烙印并不在触电后立即出现，而在相隔一段时间后才出现。电烙印一般不发臭或化脓，但受伤皮肤往往会硬化，造成局部麻木和失去知觉。

（3）皮肤金属化。皮肤金属化是由于高温电弧使周围金属熔化、蒸发并飞溅渗透到皮肤表面形成的伤害。皮肤金属化以后，表面粗糙、坚硬，皮肤经过一段时间方能自行脱落，对身体机能不会造成不良的后果。

## 34. 什么叫电击？影响电击伤害的主要因素有哪些？

电击是指电流流过人体内部造成人体内部器官的伤害。绝大多数（大约85%）的触电死亡事故是电击造成的。电击伤害的影响因素主要有电流大小、持续时间、作用于人体的电压、电流路径、电流频率和人体健康状况等。

（1）电流大小。一般，通过人体的电流越大，人的生理反应越明显，死亡危险性也越大。通过人体的电流强度取决于触电电压和人体电阻。人体触电时，流过人体的电流在接触电压一定时由人体电阻决定，人体电阻越小，流过人体的电流越大，人体所遭受的伤害也越大。人体电阻主要由表皮电阻和体内电阻构成，约为 2 kΩ。体内电阻一般较为稳定，约为 500 Ω；表皮电阻随外界条件的不同而在较大范围内变化。

（2）持续时间。通电时间越长，电击伤害程度越严重。若电流通过人体的时间较长，触电面会发热出汗，而且电流对人体组织有电解作用，可使人体电阻降低，导致电流很快增加。另外，人的心脏每收缩扩张一次有 0.1 s 的间歇，在这 0.1 s 内，心脏对电流最敏感。若电流在这一瞬间通过心脏，即使电流较小，也会引起心脏颤动，造成危险。

（3）作用于人体的电压。作用于人体的电压对流过人体的电流大小有直接的影响。当人体电阻一定时，作用于人体的电压越高，则流过人体的电流越大，其危险性也越大。

（4）电流路径。电流通过头部会使人立即昏迷，甚至死亡；电流通过脊髓，会导致半截肢体瘫痪；电流通过中枢神经系统，会引起中枢神经强烈失调，造成窒息而导致死亡。电流通过心脏、呼吸系统和中枢神经系统时，危险性最大。特别是心脏，作为人体最软弱的器官，电流对其危害性最大。试验表明，同样大小的电流流过人体的路径不同，将导致流过心脏的电流大小不同，由此造成的危险性也不同。从外部来看，左手至脚的触电电流路径最危险，脚到脚的触电电流路径对心脏影响最小。

（5）电流频率。常用的 50~60 Hz 的工频交流电对人体的伤害最严重。低于 20 Hz 时，危险性相对减小；2 000 Hz 以上时，死亡危险性降低，但容易引起皮肤灼伤。直流电危险性比交流电危险性小很多。

（6）人体健康状况。触电伤害程度与人的身体状况有密切关系。除了人体电阻各有区别外，女性对电流敏感性比男性高；遭电击时，小孩要比成年人严重；身体患心脏病、结核病、精神病、内分泌系统疾病或醉酒的人，由于抵抗能力差，触电后果更为严重。相反，身体健康、经常从事体力劳动和进行体育锻炼的人，触电引起的后果相对较轻。

# 35. 什么是电磁污染?

空间中存在着各种辐射形式的电磁波，电气、电子系统内部及周围也存在各种形式的电磁波，有些电磁波是为了特定的目的而人为制造的，有些则是在电子、电气设备和系统工作过程中附带产生的。例如，高压线、变电站、电台、电视台、雷达站、电磁波发射塔以及电子仪器、医疗设备、办公自动化设备和微波炉、收音机、电视机、电脑以及手机等工作时，都会产生不同波长频率的电磁波，不管哪种情况，其结果都是使区域内原本的自然电磁环境遭到破坏，因此称为电磁污染。电磁污染包括天然和人为两种来源：天然电磁污染是某些自然现象，如雷电、火山喷发、地震和太阳黑子活动引起的磁暴；人为电磁污染源包括脉冲放电（如火花放电）、工频交变电磁场（如大功率电机、变压器、输电线附近等）、射频电磁辐射（如广播、电视、微波通信等）。日常生活中碰到的广播、电视效果突然变差，几乎都是电磁干扰造成的。

# 36. 电气危害的特点是什么？

电气危害有非直观性、途径广、能量范围广且密度分布多样、持续时间长短不一、关联性等特点。

（1）非直观性。电既看不见、听不到，又嗅不着，其本身不具备被人们感观所识别的特征，因此其潜在危险不易被察觉，给事故产生创造了有利条件。

（2）途径广。电气危害途径广，比如电击伤害，大的方面可分为直接电击与间接电击，再细分下去，有设备漏电产生的电击，也有带电体接触电气装置以外的可导电部分（如水管等）而发生的电击，还有可能因接地极传导高电位而发生电击等。再比如雷电危害，电闪产生的机械能可能破坏建筑物，电闪的热能可能引发火灾，雷电流下泄产生的电磁感应过电压可能损坏设备或产生火花引爆，接地极散流场产生跨步电压可能造成电击伤害等。由于供配电系统所处环境复杂，电气危害产生和传递的途径也极为多样，使得对电气危害的防护十分困难和复杂，需要周密、细致和全面的考虑。

（3）能量范围广且密度分布多样。能量大者如雷电，电荷量可达 100 C 以上，雷电流可达数百千安培，且高频和直流成分大；能量小者如电击电流，以工频电流为主，致命电流仅为毫安级。对于大能量的危害，合理控制能量的泄放是主要防护手段，因此控制泄放能量的能力大小是保护措施的重要指标；对于小能量的危害，能否灵敏地感知能量是防护的关键，因此保护措施的灵敏性又成为重要的技术指标。

（4）持续时间长短不一。短者如雷电过程，持续时间可短至微秒级；长者如导体间的间歇性电弧短路，通常要持续数分钟至数小时才会引发火灾；电气设备的轻中度过载，持续时间可达若干年，使绝缘的寿命缩短，最终会因绝缘损坏而产生漏电、短路等故障。对不同持续时间的电气危害，保护措施的响应速度和方式也不同。

（5）关联性。不同危害之间、危害与防护措施之间、不同防护措施相互之间常常互有牵扯，不能完全割离，这就是关联性。例如，绝缘损坏导致短路，而短路又可能引发绝缘燃烧，导致电气火灾；建筑物外部防雷系统可极大地减小雷击产生的破坏，但雷电流在防雷系统中通过时又可能产生反击、感应过电压、跨步电压电击等新的危害；剩余电流保护与电流保护之间配合不当时，可能出现相互消减对方防护效果的现象。

## 37. 发生人身触电事故时，如何对触电者伤情进行判断？

发生人身触电事故时，现场救护人员应迅速对触电者的伤情进行判断，对症抢救，同时设法联系医疗急救中心（医疗机构）的医生到现场接替救治。

（1）意识判断。对意识清醒的触电者，在确认环境安全后，应使其就地平卧，严密观察呼吸、脉搏等，暂时不要让其站立或走动。对意识不清的触电者，应立即在其双耳旁呼叫或轻拍其肩部，以判断触电者是否丧失意识，禁止摇动触电者头部，如无反应，则高声呼救，寻求他人帮助，同时拨打当地紧急救援电话。

（2）脉搏和呼吸判断。非专业救护人员可不进行脉搏检查，对无呼吸或仅是濒死叹气样呼吸、无意识的触电者，应立即开始心肺复苏抢救。专业救护人员检查触电者无呼吸或仅是濒死叹气样呼吸后，应用食指及中指指尖先触及颈部气管正中部位，然后向旁滑移 2～3 cm，触摸胸锁乳突肌内侧颈动脉，判断是否有搏动，检查时间不要超过 10 s，如 10 s 内不能明确感觉到搏动，应立即施行心肺复苏抢救。

## 38. 什么是心肺复苏？

心肺复苏是针对心搏、呼吸骤停的急救方法。心肺复苏触电急救的原则是迅速、就地、准确、坚持。

根据《电力行业紧急救护技术规范》（DL/T 692—2018），心肺复苏首先要判断是否心搏、呼吸骤停。应轻拍触电者肩部，大声呼唤，如果触电者没有反应，证明意识丧失。还需要扪及有无颈动脉搏动及有无呼吸，如果没有呼吸及颈动脉搏动，才能实施心肺复苏。

## 39. 高压触电时脱离电源的方法有哪些？

高压触电时脱离电源就是将触电者接触的那部分高压带电设备的所有断路器、隔离开关或其他断路设备断开，或者将触电者与高压带电设备脱离开。根据《电力行业紧急救护技术规范》（DL/T 692—2018），高压触电时可采用下列 4 种方法使触电者脱离电源：

（1）立即通知有关供电单位或客户停电。

（2）戴上绝缘手套，穿上绝缘靴，用相应电压等级的绝缘工具按顺序拉开电源开关或熔断器及刀闸。

（3）在极端情况下，可以抛掷裸金属线使线路短路，迫使保护装置动作，断开电源。在抛掷金属线时，应注意防止电弧伤人或断线危及人员安全。抛掷的金属线若被烧断，应考虑线路重合闸动作后的再次带电。

（4）高压触电者因电击伤倒在带电区域内，虽未直接接触高压带电设备，救护人员也应考虑安全距离是否满足要求。

在将触电者脱离高压电源过程中，救护人员必须注意自身防护。如果触电者处于高处，应采取相应措施，防止触电者脱离电源后自高处坠落造成二次伤害。

## 40. 低压触电时脱离电源的方法有哪些?

低压触电时脱离电源就是将触电者接触的那部分低压带电设备的所有断路器（开关）、隔离开关（刀闸）或其他断路设备断开，或者将触电者与低压带电设备脱离开。根据《电力行业紧急救护技术规范》（DL/T 692—2018），低压触电宜采用下列方法使触电者脱离电源：

（1）触电地点附近有电源开关或电源插座（头）时，应立即拉开开关或拔出插头，断开电源。但应注意，拉线开关或墙壁开关等只控制一根线，有可能因安装问题只能切断中性线而没有断开电源的相线。

（2）触电地点附近没有电源开关或电源插座（头）时，宜用有绝缘柄的电工钳或有干燥木柄的斧头切断电线，断开电源。但应注意切断电线的位置，防止断开后的带电端再次危及现场人员。

（3）当电线搭落在触电者身上或被触电者压在身下时，宜用干燥的衣服、手套、绳索、皮带、木板、木棒等绝缘物作为工具，拉开触电者或挑开电线，使触电者脱离电源。

（4）触电者的衣服是干燥的且又没有紧缠在身上，宜用一只手抓住其衣服，将触电者拉离电源。因触电者身体是带电的，其鞋的绝缘也可能遭到破坏，救护人员不得接触触电者的皮肤和鞋。

（5）触电发生在低压带电的架空线路上或配电台架、进户线上时，对可立即断开电源的，则应迅速断开电源。救护人员也可迅速登杆或登至可靠地点，并做好自身防触电、防坠落安全措施，用带有绝缘胶柄的钢丝钳、绝缘物体或干燥不导电物体等工具使触电者脱离电源。

（6）触电发生在电缆沟道、隧道内，且不能立即断开电源时，宜采取抖动电缆的方式使触电者脱离电源。因电缆绝缘损坏而发生触电时，不得采取直接剪断电缆的方式断开电源，防止相间短路起火、扩大伤害或影响救护，除非是单根单相电缆。

在使触电者脱离低压电源过程中，救护人员必须注意自身防护。如触电者处于高处，应采取相应措施，防止其脱离电源后自高处坠落造成二次伤害。

## 41. 发生触电事故的主要原因有哪些?

（1）缺乏电气安全知识。攀爬高压线杆及高压设备；在架空线附近放风筝；用手错抓误碰不明导线；低压架空线路断线后不停电，直接用手接触；在安全措施不完善时带电作业；将中性线作为地线使用；带电体随意裸露，随意摆弄电器；没有经过电工专业培训就进行电器的安装、接线等造成本人和他人发生触电事故。

（2）违反操作规程。带电拉合隔离开关或跌落式熔断器；在高压线路下违规进行建筑施工；带电进行线路或电气设备的操作而未采取必要的安全措施；误入带电间隔，误登带电设备；带电修理电动工具；带电移动电气设备；不遵守安全操作规程，违章操作或约时停、送电；抢救触电者时，用手直接拉触电者，导致救护人员自身触电等。

（3）设备不合格。高低压线路安全距离不够；电力线路与通信线路同杆近距离架设；用电设备进出线绝缘破坏或没有进行绝缘处理，导致设备外壳带电；设备超期使用，绝缘老化等。

（4）维修管理不善。架空线断线未及时处理，设备损坏没有及时更换，临时线路未按规定装设或未装设保护装置等。

# 42. 发生电气火灾时常用的灭火器材有哪些?

（1）二氧化碳灭火器。使用二氧化碳灭火器时，液态二氧化碳从灭火器喷嘴喷出，迅速汽化，由于强烈吸热作用，变成固态雪花状的二氧化碳（又称干冰），固态二氧化碳又在燃烧物上迅速挥发，吸收燃烧物的热量，同时使燃烧物与空气隔绝而达到灭火的目的。

二氧化碳灭火器主要适用于扑救贵重设备、档案资料、电气设备等火灾，还适用于电压不超过 600 V 时的带电灭火。使用时，因二氧化碳气体易使人窒息，人应站在上风侧，手握住灭火器手柄，防止干冰接触人体造成冻伤。

（2）干粉灭火器。干粉灭火器的灭火剂主要由钾或钠的碳酸盐类加入滑石粉、硅藻土等组成，不导电。干粉灭火剂在火区覆盖燃烧物并受热产生二氧化碳和水蒸气，因其具有隔热吸热和阻隔空气的作用，故可使燃烧熄灭。

干粉灭火器适用于扑救可燃气体、液体、油类、忌水物质（如电石等）及除旋转电机以外的其他电气设备的初起火灾。使用干粉灭火器时，先打开保险，把喷管口对准火源，另一手紧握导杆提环，将顶针压下，干粉即喷出。扑救地面油火时，要平射并左右摆动，由近及远，快速推进，同时应注意防止回火重燃。

（3）泡沫灭火器。泡沫灭火器的灭火剂利用硫酸或硫酸铝与碳酸氢钠作用放出二氧化碳的原理制成，覆在固体和液体燃烧物表面，隔热、隔氧，使燃烧停止。由于灭火剂中化学物质导电，泡沫灭火器不适用于带电扑救电气火灾，但切断电源后，可用于扑救油类和一般固体物质的初起火灾。灭火时，应将灭火器筒身颠倒过来，稍加摇动，两种药液即刻混合，喷射出泡沫。泡沫灭火器只能立着放置。

（4）卤代烷灭火器。由于环保要求，我国已明确提出，在2010年后禁止使用1211、1301灭火装置，可选用七氟丙烷或三氟丙烷作为灭火剂的卤代烷灭火器。

（5）水和干沙等灭火材料。水是最常用的灭火剂，具有很好的冷却效果。纯净的水不导电，但一般水中含有各种盐类物质，故具有良好的导电性。未采取防止人身触电的技术措施时，水不能用于带电灭火，但切断电源后，水却是一种廉价、有效的灭火剂。水不适用于扑救密度较小的油类物质火灾，以防油火漂浮在水面使火灾蔓延。干沙可覆盖燃烧物，吸热、降温并使燃烧物与空气隔离，特别适用于扑救油类和其他易燃液体的火灾，但禁止用于旋转电机灭火，以免损坏电机和轴承。

## 43. 如何正确进行高处触电急救？

发现杆上或高处有人触电时，应及时停电，并紧急呼救，争取时间及早在杆上或高处开始进行抢救。救护人员登高时，应随身携带必要的工具及牢固的绳索等。救护人员必须在确认触电者已与电源隔开，且救护人员本身所涉环境安全距离内无危险电源时，方能接触触电者，并应注意防止发生高处坠落。救护人员应戴安全帽，穿绝缘靴，戴绝缘手套，做好自身防护。进行高处触电急救的步骤如下：

（1）随身带好营救工具迅速登杆。营救的最佳位置在高出触电者 20 cm 处，并面向触电者。固定好安全带后，再开始营救。

（2）触电者脱离电源后，应将触电者扶卧在自己的安全带上，并注意保持触电者气道通畅。

（3）将触电者扶到安全带上，进行意识、呼吸、脉搏判断。救护人员迅速判定触电者反应、呼吸和循环情况。如触电者有知觉，可将其放到地面进行急救；如无呼吸、心搏，应立即进行人工呼吸或胸外心脏按压急救。

（4）如触电者呼吸停止，立即进行口对口（鼻）人工呼吸 2 次，再触摸颈动脉，如有搏动，则每 5 s 继续吹气一次；如颈动脉无搏动，可用空心拳头叩击心前区 2 次，促使心脏复搏。

（5）高处发生触电时，为使抢救更为有效，应及早设法将触电者送至地面。

（6）在将触电者由高处送至地面前，应再进行口对口（鼻）人工呼吸 4 次。

（7）将触电者送至地面后，应立即继续按心肺复苏法坚持抢救。

## 44. 预防电气火灾或爆炸的措施有哪些?

电气防火防爆的一般措施有加强作业人员安全教育，严格执行安全操作规程；改善环境条件，排除生产场所各种易燃易爆物质；强化安全管理，消除引发电气设备火灾和爆炸的着火源。

（1）改善环境条件，排除易燃易爆物质。具体措施如下：

1）防止易燃易爆物质泄漏。对存有易燃易爆物质的容器、设备及管道、阀门加强密封，杜绝易燃易爆物质泄漏，消除火灾和爆炸事故隐患。

2）保持环境卫生和良好通风。经常打扫卫生，保持良好通风，把易燃易爆气体、液体、蒸气、粉尘和纤维的浓度降低到爆炸极限以下，达到有火不燃、有火不爆的效果。

3）加强对易燃易爆物质的管理。必须加强发电厂、变电站中易燃易爆物质管理，特别对煤场、油库、化学药品库、气瓶库等要严格管理，严禁带进火种，严格实行进出制度。

（2）强化安全管理，消除电气火源。消除电气火源就是指消除或避免电气线路、电气设备运行中产生电火花、电弧和高温，具体措施如下：

1）在易燃易爆区域，应选择绝缘合格的导线，连接必须良好可靠，严禁明敷。导线和电源的额定电压不得低于电网额定电压，且应不低于 500 V，导线截面积应满足要求。

2）合理选择电气设备。根据危险场所的级别合理选择电气设备类型，在易燃易爆场所应选择防爆型电气设备。

3）加强对设备的运行管理。保持设备正常运行，防止设备过载过热；对设备定期检修、试验，防止机械损伤、绝缘损坏等造成短路。

4）易燃易爆场所内电气设备的金属外壳应可靠接地或接零，以便在发生碰壳接地短路时迅速切断电源，避免产生着火源。

5）保持电气设备与危险场所的安全距离。室内外配电装置与爆炸危险场所的建筑物和易燃易爆液体、气体的储存场所之间应保持必要的距离，必要时应加装防火隔墙。

6）合理应用保护装置。除将电气设备可靠接地（接零）外，还应有比较完善的保护、监测和报警装置，以便从技术上完善防火防爆措施。

（3）土建的要求。电气建筑应采用耐火材料，如配电室、变压器室应满足耐火等级的要求，隔墙应采用防火材料。

（4）防止和消除静电火花。一方面选择适当的设备或材料，限制流体速度和物体间的摩擦强度，以减少静电的产生和积累。另一方面采用静电接地、加入抗静电剂、使用静电中和器等方法消除物体上的静电，避免静电火花的产生。

## 45. 油浸式变压器发生火灾和爆炸的主要原因有哪些?

（1）绕组绝缘老化或损坏造成短路。变压器绕组的绝缘物如棉纱、棉布、纸等，如果受到过负荷发热或受变压器油酸化腐蚀的作用，将会老化变质，耐受电压能力下降，甚至失去绝缘作用；变压器制造、安装、检修过程中也可能潜伏绝缘缺陷。变压器绕组绝缘老化或损坏，可能引起绕组匝间、层间短路，短路产生的电弧可使绝缘物燃烧。同时，电弧分解变压器油产生的可燃气体与空气混合达到一定浓度，可形成爆炸混合物，遇火花发生燃烧或爆炸。

（2）线圈接触不良产生高温或电火花。如果变压器绕组的线圈与线圈之间、线圈端部与分接头之间连接不好，可能松动或断开而产生电火花或电弧；分接头转换开关位置不正、接触不良，可能使接触电阻过大，发生局部过热而产生高温，使变压器油分解产生油气混合物引起燃烧和爆炸。

（3）套管损坏爆裂起火。变压器引线套管漏水、渗油或长期积满油垢而发生闪络；电容套管制造不良、运行维护不当或长时间运行，使套管内的绝缘损坏、老化，产生绝缘击穿，电弧高温使套管爆炸起火。

（4）变压器油老化变质引起绝缘击穿。变压器常年在高温状态下运行，如果油中渗入水分、氧气、铁锈、灰尘和纤维等杂质，会使变压器油逐渐老化变质，绝缘性能降低，引起油间隙放电，导致变压器爆炸起火。

（5）其他原因引起火灾和爆炸。变压器铁芯硅钢片之间的绝缘损坏，形成涡流，使铁芯过热；雷击或系统过电压使绕组主绝缘损坏；变压器周围堆积易燃物品出现外界火源；动物接近带电部分引起短路。以上因素均能引起变压器起火或爆炸。

# 46. 油浸式变压器防火防爆有哪些措施？

（1）防火防爆技术措施如下：

1）预防变压器绝缘击穿。具体措施如下：

①安装变压器之前，必须检查变压器绝缘，核对使用条件是否符合制造厂的规定。

②加强变压器的密封。变压器运输、存放、运行中，应确保密封良好。为此，要结合检修，检查各部分的密封情况，必要时做检漏试验，防止潮气及水分进入。

③彻底清理变压器内的杂物。变压器安装、检修时，要防止焊渣、铜丝、铁屑等杂物进入变压器内，并彻底清除变压器内的焊渣、钢丝、铁屑、油泥等杂物，用合格的变压器油彻底冲洗。

④防止绝缘损坏。检修变压器时，应防止绝缘受损伤，特别是内部绝缘距离较小的变压器，勿使引线、绕组和支架损坏。

⑤限制过电压值，防止因过电压引起绝缘击穿。

2）预防铁芯多点接地及短路。为预防铁芯多点接地及短路，检查变压器时应测试下列项目：

①测试铁芯绝缘。通过测试，确定铁芯是否多点接地，如多点接地，应查明原因，消除后才能投入运行。

②测试穿芯螺栓绝缘。穿芯螺栓绝缘应良好，各部螺栓应紧固，防止螺栓掉下造成铁芯短路。

3）预防套管闪络爆炸。套管应保持清洁，防止积垢闪络。检查套管引出线端子发热情况，防止因接触不良或引线开焊过热引起套管爆炸。

4）预防引线及分接开关事故。引线绝缘应完整无损，各引线焊接良好，若发现套管及分接开关的引线接头有缺陷应及时处理。应去掉裸露引线上的毛刺和尖角，防止运行中发生放电。安装、检修分接开关时，应认真检查，分接开关应清洁，触点弹簧应良好、接触紧密，分接开关引线螺栓应紧固、无断裂。

5）加强油务管理和监督。对变压器油应定期进行预防性试验和色谱分析，防止变压器油劣化变质；变压器油尽可能避免与空气接触。

（2）防火防爆组织措施如下：

1）加强变压器的运行监视。运行中应特别注意引线、套管、油位、油色的检查和油温、声音的监测，发现异常，要认真分析，正确处理。

2）保障变压器的保护装置可靠运行。变压器运行时，全套保护装置应能可靠投入，所配保护装置应准确动作。保护用的直流电源应完好可靠，确保故障时能正确动作跳闸，防止事故扩大。

3）保持变压器的良好通风。变压器的冷却通风装置应能可靠投入并保持正常运行，使变压器运行温度不超过规定值。

4）设置事故蓄油坑。室内、室外变压器均应设置事故蓄油坑。

蓄油坑应保持良好的状态，有足够的厚度和符合要求的卵石层。蓄油坑的排油管道应通畅，并能迅速将油排出（如排入事故总蓄油池），不得将油排入电缆沟。

5）建防火隔墙或防火防爆建筑。室外变压器周围应设围墙或栅栏，若间距太小，应建防火隔墙，以防火灾蔓延。室内变压器应安装在耐火、防爆的建筑物内，并设有防爆铁门，一室一台变压器，且室内应通风散热良好。

6）设置消防设备。大型变压器周围应设置适当的消防设备（如水雾灭火装置），室内可采用自动或遥控水雾灭火装置。

## 47. 电气线路发生火灾的主要原因有哪些?

（1）线路短路。线路短路就是交流电路的两根导线互相触碰，电流不经过线路中的用电设备而直接形成回路。由于导线本身的电阻比较小，若仅是通过导线这个回路，电流就会急剧增大，比正常情况下大几十倍甚至几百倍，使导线在极短时间内产生高达数千摄氏度的温度，足以引燃附近的易燃物。

（2）接触不良。线路接触不良，造成线路接触电阻过大而发热起火。凡线路都有接头，或是线路之间相接，或是线路与开关、保险器或用电器具相接。如果这些接头接触不好，就会阻碍电流在导线中的流动，并产生大量的热量。当这些热量足以熔化线路的绝缘层时，绝缘层便会起火，从而引燃附近的可燃物。

（3）线路超负荷。一定材料和一定横截面积的线路有一定的安全载流量，如果通过线路的电流超过其安全载流量，线路就会发热、起火。

（4）线路漏电。线路或其支架材料的绝缘性能不佳，将导致导线与导线或导线与大地之间有微量电流通过。漏电严重时，漏电火花和高温也能成为火源。

（5）电火花和电弧。电火花是两极间放电的结果；电弧则由大量密集的电火花构成，温度可达 3 000 ℃以上。架空裸线随风摆动，或遇树枝拍打，导致两线相碰，就会发生放电而产生电火花、电弧。绝缘导线漏电处、导线断裂处、短路点、接地点及导线连接松动处均会有电火花、电弧产生，它们落在可燃、易燃物上就可能引起火灾。

（6）电缆起火。电缆起火的原因：敷设电缆时其保护铅皮受损伤；运行中电缆的绝缘体受到机械破坏，引起电缆芯与电缆芯之间或电缆芯与铅皮之间的绝缘体被击穿而产生电弧，致使电缆的绝缘材料发生燃烧；电缆长时间超负荷，使电缆绝缘性能降低甚至丧失绝缘性能，发生绝缘击穿而使电缆燃烧。

## 48. 油浸式介质电容器发生火灾的主要原因有哪些?

油浸式介质电容器火灾一般都是由电容器爆炸引起的。油浸式介质电容器最常见的故障是电容器元件极间或极板对外壳绝缘击穿，其原因大多是电容器真空度不高、不清洁、对地绝缘不良、运行环境温度过高等。故障发展过程一般为先出现热击穿，再逐步发展到电击穿。若单个电容器由单独熔断器保护，则当某一电容器极板间击穿时，其熔断器熔断，电容器组仅减少一个电容器的电容量，不影响整个电容器组继续运行。若单个电容器不具有单独的熔断器保护，尤其是对于多台电容器并联运行的电容器组，当发生某个电容器极板间击穿时，其他与之并联的各电容器将一起向故障电容器放电。通常，这种放电能量与并联电容器的容量有关，其数值相当可观。在电弧和高温作用下，将产生大量的气体，使其压力急剧上升，最后整个电容器外壳崩破，爆炸起火，使事故扩大并造成巨大损失。电容器爆炸事故一旦发生，可能引起其余电容器的群爆，导致流油燃烧起火，进而使电容器室着火，影响其他电气设备的正常运行。

## 49. 油浸式介质电容器防火防爆措施有哪些？

（1）完善电容器内部故障保护，选用有熔断器保护的高低压电容器。

（2）加强电容补偿装置的运行管理与维护，注重定期清扫、巡视和检查；加强运行监视，电压、电流和环境温度不得超过制造厂的规定范围，发现电容器变形等故障应及时处理。

（3）电容器室应符合防火要求，严禁使用木板、油毛毡等易燃材料。当采用油浸式介质电容器时，电容器室建筑物的耐火等级要求：额定电压为 10 kV 以上的，不低于二级；额定电压为 10 kV 及以下的，不低于三级。

（4）应配备消防设施。电容器室附近应备有沙箱、消防用铁铲及灭火器等消防设施。

（5）结合电网设备改造，逐步淘汰油浸式介质电容器，而采用塑膜式干式电容器，以防止电容器火灾、爆炸的发生。

## 50. 电气火灾灭火基本方法有哪些？

扑救电气火灾要控制可燃物，隔绝空气，消除着火源，阻止火势及爆炸冲击波蔓延。电气火灾灭火基本方法如下：

（1）窒息灭火法。阻止空气流入燃烧区或用不燃气体降低空气中的氧含量，使燃烧因助燃物含量过小而终止的方法称为窒息灭火法。例如，用石棉布、浸湿的棉被等不燃或难燃物品覆盖燃烧物，或封闭孔洞；将不活泼气体（$CO_2$、$N_2$ 等）充入燃烧区降低氧含量等。

（2）冷却灭火法。冷却灭火法是将灭火剂喷洒在燃烧物上，使可燃物的温度低于燃点而终止燃烧。例如，喷水灭火、干冰（固态 $CO_2$）灭火都是通过冷却可燃物达到灭火的目的。

（3）隔离灭火法。隔离灭火法是将燃烧物与附近的可燃物质隔离，或将火场附近的可燃物疏散，不使燃烧区蔓延，待燃烧物烧尽，燃烧自行停止。例如，阻挡着火的可燃液体流散，拆除与火区毗连的易燃建筑物构成防火隔离带等。

（4）抑制灭火法。抑制灭火法是指灭火剂参与燃烧的连锁反应，使燃烧中的游离基消失，形成稳定的物质分子，从而终止燃烧过程。

# 51. 我国安全电压额定值是多少？

安全电压是指为了预防触电事故而由特定电源供电所采用的电压系列。这个电压系列指保持独立回路，其带电导体之间或带电导体与接地体之间不超过某一安全限值的电压。我国标准规定工频电压有效值的限值为 50 V，直流电压的限值为 120 V。工频电压有效值的额定值有 42 V、36 V、24 V、12 V 和 6 V。特别危险环境中使用的手持电动工具应采用 42 V 安全电压，有电击危险环境中使用的手持照明灯和局部照明灯应采用 36 V 或 24 V 安全电压，金属容器内、特别潮湿处等特别危险环境中使用的手持照明灯应采用 12 V 安全电压，水下作业等场所应采用 6 V 安全电压。

# 52. 什么是接地？接地有哪几种形式？

电气装置的接地是指将电气装置的某些金属部分用导体（接地线）与埋设在土壤中的金属导体（接地体）相连接，并与大地做可靠的电气连接。接地有以下几种形式：

（1）工作接地。为了保障电气设备在正常和故障情况下都能可靠地工作而进行的接地称为工作接地。例如，在中性点直接接地系统中，变压器和旋转电机的中性点接地、电压互感器和小电抗器等接地端接地属于工作接地；在非直接接地系统中，经其他装置接地等也属工作接地。

（2）保护接地。电气设备的带电导体和操作工具的绝缘损坏，有可能使电气设备的金属外壳、钢筋混凝土杆塔和金属杆塔等带电，为了防止其危及人身安全而进行的接地，称为保护接地。

（3）防雷接地。为雷电保护装置向大地泄放雷电流而设的接地称为防雷接地，避雷针、避雷线和避雷器的接地就是防雷接地。

（4）防静电接地。为避免静电对易燃油品、天然气储罐和管道等的危险作用而设的接地，称为防静电接地。

（5）防电蚀接地。使被保护金属表面成为化学电池的阴极，以防止该表面被腐蚀所设的接地，称为防电蚀接地。防电蚀接地包括对长电缆金属外皮的保护、大地回流直流系统接地极的保护等。

（6）电磁兼容接地。为降低电磁干扰水平或提高抗扰度所设置的接地称为电磁兼容接地。

## 53. 防止人身触电的技术措施主要有哪些?

防止人身触电的技术措施包括绝缘和屏护、采用安全电压和接地保护等。

（1）绝缘和屏护。加强设备检查，掌握设备绝缘性能，发现问题及时处理，防止发生电击事故。屏护是指采用遮栏、护罩、护盖等将带电体隔离，防止人员无意识地触及或过分接近带电体，在屏护上还要有醒目的带电标识。

（2）采用安全电压。通过人体的电流取决于加于人体的电压和人体电阻，安全电压就是根据人体允许通过的电流与人体电阻的乘积为依据确定的。我国规定的安全电压是交流 42 V、36 V、24 V、12 V、6 V，直流安全电压上限是 120 V。

（3）接地保护。接地保护包括电气设备保护接地、工作接地。安全接地是防止电击的基本保护措施。

## 54. 什么是保护接地？哪些条件下可以采取保护接地？

保护接地是指将电气装置正常情况下不带电的金属部分与接地装置连接起来，以防止该部分在故障情况下突然带电而对人体造成伤害。

额定电压在 1 kV 及以上的高压配电装置中的设备均采用保护接地。额定电压在 1 kV 以下的低压配电装置中的设备，在三相四线制中性点不接地电网中采用保护接地，在三相三线制系统也可采用保护接地。在供电系统中，凡由于绝缘破坏或其他原因而可能带有危险电压的金属部分，如变压器、电机、电器等的外壳和底座，均应采用保护接地。

## 55. 什么是保护接零？哪些条件下可以采用保护接零？

保护接零是指为防止电气设备绝缘损坏而使人触电，将电气设备正常情况下不带电的金属外壳直接与零线相连接。

额定电压在 1 kV 以下的配电装置，在三相四线制中性点直接接地的 380/220 V 低压配电网中，电气设备的金属外壳广泛采用保护接零。

## 56. 保护接地和保护接零为什么不能混用?

在电力系统中，同一台发电机、变压器或同一母线供电的低压设备不允许同时采用保护接地、保护接零两种保护方式。

如果同一系统并存保护接地和保护接零，当部分设备实行保护接零，而另一台接地设备发生某相碰壳对地短路，但该设备的容量较大、熔断器的熔断电流也较大时，碰壳所产生的短路电流将不足以使熔断器熔断，导致无法切断电源。此时接地短路电流产生的压降，将使电网中性线的对地电压升高到电源相电压的一半或更高，从而使所有接零电气设备的外壳均带有该升高的电压。在这种情况下，人体接触运行中接零电气设备的外壳，便会发生触电事故。如果零线断了，除了失去保护接零作用以及系统不平衡时出现三相电压畸变外，系统中的单相设备也会使"断零线"带上危险电压。因此，严禁同一系统中并存保护接地和保护接零。

## 57. 保护接零中保护中性线为什么要多点重复接地?

在三相四线制中性点直接接地的 380/220 V 低压配电网中，采用保护接零时，除在电源处中性点必须采用工作接地外，零线在规定的地点要重复接地。重复接地是指零线的一处或多处通过接地体与地作良好的金属连接。

若无重复接地，当零线发生断线，且电动机一相绝缘损坏碰壳时，在断线处前面的电动机外壳上的电压接近于零，而在断线处后面的电动机失去保护，外壳上的电压接近于相电压，运行人员接触设备外壳有触电危险。同时，接在非碰壳相的单相设备的电压为线电压，有可能因为电压升高而烧毁。

若重复接地，在断线处前面的电动机外壳上的电压接近于零，在断线处后面的电动机保护方式变成保护接地，外壳上的电压降低，提高了保护接零的安全性。

采用保护接零时，零线重复接地可以减轻零线意外断线或接触不良对接零设备的电击危险，减轻零线断线时负载中性点"漂移"危险，还能降低故障持续时间内意外带电设备的对地电压，缩短漏电故障持续时间，改善架空线路的防雷性能。

重复接地对运行人员并不是绝对安全的，应在施工和运行中特别注意，尽可能使零线不发生断线事故。

## 58. 如何选择低压电力系统电气装置接地电阻值？

低压电力系统电气装置的接地电阻允许值如下：

（1）配电变压器低压侧中性点的工作接地电阻一般应不大于 4 Ω，但当配电变压器容量不大于 100 kV·A 时，工作接地电阻可不大于 10 Ω。非电能计量的电流互感器的工作接地电阻，一般可不大于 10 Ω。

（2）保护接地电阻一般应不大于 4 Ω，但当配电变压器容量不超过 100 kV·A 时，保护接地电阻可不大于 10 Ω。高土壤电阻率地区的接地电阻应不大于 30 Ω。

（3）在中性点直接接地的低压电力系统中，采用保护接零时应将零线重复接地，接地电阻值应不大于 10 Ω。当配电变压器容量不大于 100 kV·A 且重复接地点不少于 3 处时，允许接地电阻不大于 30 Ω。

## 59. 如何选择高压电力系统电气装置接地电阻值？

根据《交流电气装置的接地设计规范》（GB/T 50065—2011）、

《电气装置安装工程 接地装置施工及验收规范》（GB 50169—2016），高压电力系统电气装置的接地电阻允许值如下：

（1）在小接地短路电流系统中，如果高压与低压设备共用接地装置，则漏电时设备对地电压应不超过 120 V，因此要求接地电阻 $R_E \leq 120\ V/I$，但应不大于 4 Ω；当变压器容量不超过 100 kV·A 时，接地电阻宜不大于 10 Ω。$R_E$ 为考虑季节变化的最大接地电阻，$I$ 为计算用的接地电流。

（2）在小接地短路电流系统中，如果高压设备采用独立的接地装置，则漏电时设备对地电压应不超过 250 V，因此要求接地电阻 $R_E \leq 250\ V/I$，但宜不大于 10 Ω。

（3）在大接地短路电流系统中，通常当 $I \leq 4\ 000$ A 时，接地装置的接地电阻应符合 $R_E \leq 2\ 000\ V/I$；当 $I > 4\ 000$ A 时，接地电阻应不大于 0.5 Ω。

（4）独立避雷针的接地电阻，在土壤电阻率不大于 500 Ω·m 的地区应不大于 10 Ω。

（5）发电厂和变电站有爆炸危险且爆炸后可能危及主设备或严重影响发（供）电的建筑物时，防雷电感应的接地电阻应不大于 30 Ω。

（6）发电厂易燃油品和天然气设施防静电接地的接地电阻应不大于 30 Ω。

## 60. 降低电力系统接地电阻的措施有哪些？

电力系统接地电阻的大小与接地体结构、组成和土壤性质等因素有关。为降低电力系统的接地电阻，可以采取以下方法：

（1）降低接地体接地电阻。为了降低接地电阻，往往用很多根单一接地体以金属体并联连接而组成复合接地体或接地体组。受屏蔽作用影响，总的散流电阻大于单一接地体散流电阻的并联值，为了减小电流散流对接地电阻的影响，要求单一接地体之间保持一定的距离以降低接地电阻。

（2）土壤电阻与土壤的成分、季节、温度、干湿条件等因素有关。在土壤电阻率较高的地区，可以采取下列措施降低接地电阻：

1）接地网附近有较低电阻率的土壤时，可敷设引外接地网或向外延伸接地体。

2）当地下较深处的土壤电阻率较低，或地下水较为丰富、水位较高时，可采用深（斜）井接地极或深水井接地体；地下岩石较多时，可考虑采用深孔爆破接地技术。

3）敷设水下接地网。水力发电厂等可在水库、上游围堰、施工导流隧洞、尾水渠、下游河道或附近水源中的最低水位以下区域敷设人工接地体。

4）填充电阻率较低的物质。如果采取措施后仍然不能满足接地电阻的要求，只能采取加强等电位和铺设碎石地面等措施，以保障人身和设备的安全。

# 61. 电气工作安全组织措施有哪些?

电气工作安全组织措施是指在进行电气作业时，将与检修、试验、运行有关的部门组织起来，加强联系、密切配合，在统一指挥下，共同保障电气作业安全的措施。保障电气作业安全的组织措施包括工作票制度、工作许可制度、工作监护制度以及工作间断、转移和终结制度。

（1）工作票制度。工作票制度是指在电气设备上进行任何电气作业，都必须填写工作票，并依据工作票布置安全措施和办理开工、终结手续的制度。

（2）工作许可制度。工作许可制度是指凡在电气设备上进行停电或不停电的工作，事先必须得到工作许可人的许可，履行许可手续后方可工作的制度。未经许可人许可，一律不准擅自进行工作。

（3）工作监护制度。工作监护制度是指工作人员在工作过程中，工作负责人（监护人）必须始终在工作现场，对工作人员的安全认真监护，及时纠正不安全行为和动作的制度。

（4）工作间断、转移和终结制度。工作间断、转移和终结制度是指工作间断、工作转移和全部工作完成后应遵守的制度。

目前，有的企业在线路施工中，除完成上述组织措施外，还增加了现场勘察制度。

## 62. 电气工作安全技术措施有哪些？

电气工作安全技术措施是指工作人员在全部停电或部分停电的电气设备上工作时，为了防止停电检修设备突然来电，防止工作人员身体或使用的工具与邻近设备的带电部分小于允许的安全距离，防止工作人员误进带电间隔和误碰带电设备等造成触电事故而必须采取的安全技术措施。在全部停电和部分停电的电气设备上工作时，必须采取的安全技术措施有停电（断开电源）、验电、装设接地线、装设遮栏和悬挂安全标识牌、使用个人保护接地线。

（1）停电。停电作业的电气设备和电力线路，除了本身应停电以外，影响停电作业的其他带电设备和带电线路也应停电。

（2）验电。对停电作业的设备或线路进行验电，验证确实无电压，以防止发生带电装设接地线或带电合接地刀闸等恶性事故。

（3）装设接地线。当验明设备（线路）确实无电压后，应立即用接地线（或合接地刀闸）将检修设备（线路）三相短路接地，避免因突然来电而使工作人员触电。装设接地线可泄放停电设备（线路）由于各种原因产生的电荷如感应电、雷电等，对工作人员起保护作用。

（4）装设遮栏和悬挂安全标识牌。在切断电源后，应立即在有关地点悬挂标识牌和装设临时遮栏。标识牌可以提醒有关人员及时纠正错误操作，防止向有人工作的设备（线路）合闸送电，防止工作人员误进带电间隔和误碰带电设备。遮栏可以限制工作人员的活动范围，防止工作人员在工作中接近高压带电设备。

（5）使用个人保护接地线。工作地段如有邻近、平行、交叉跨越及同杆塔架设线路，为防止停电检修线路上的感应电压伤人，在需要接触或接近导线工作时，有的企业除采取上述技术措施外，在装设接地线后，还增加了使用个人保护接地线的技术措施。

# 63. 什么是剩余电流动作保护装置?

剩余电流动作保护装置是指电路中带电导线对地故障所产生的剩余电流超过规定值时，能够自动切断电源或报警的保护装置，包括各类带剩余电流动作保护功能的断路器、移动式剩余电流动作保护装置和剩余电流动作电气火灾监控系统、剩余电流继电器及其组合电器等。

低压配电系统中装设剩余电流动作保护装置是防止直接接触电击事故和间接接触电击事故的有效措施之一，也是防止电气线路或电气设备接地故障引起电气火灾和电气设备损坏事故的技术措施。

# 64. 低压配电系统接地形式有哪些？分别适用于什么场所？

低压配电系统的接地形式用字母组合表示，可分为 IT、TT、TN 3 类。

第一个字母表示电源的接地情况：T 表示电源中性点直接接地，I 表示电源中性点不直接接地或电源经高阻抗接地。第二个字母表示电气设备外露可导电部分接地情况：T 表示电气设备外露可导电部分直接接地，且该接地与电源接地间无任何电气连接；N 表示电气设备外露可导电部分直接与电源接地有电气连接。

（1）IT 系统。IT 系统指电源中性点不接地，电气设备外露可导电部分直接接地的系统。IT 系统常用于供电连续性要求较高的场所，如矿山的巷道供电，以及对电击防护要求较高的场所，如医院手术室的供配电。

（2）TT 系统。TT 系统指电源中性点直接接地，电气设备外露可导电部分也直接接地的系统，且这两个接地必须是相互独立的，不能有任何金属性电气连接。设备接地可以是每个设备都有单独的接地装置，也可以是若干设备共用接地装置。TT 系统在我国主要用于城市公共配电网和农网，以及一些低密度的住宅区。

（3）TN 系统。TN 系统指电源中性点直接接地，电气设备外露可导电部分与电源中性点接地有直接电气连接的系统。TN 系统有 3 种类型，分别为 TN-S 系统、TN-C 系统和 TN-C-S 系统。

1）TN-S 系统。用电设备外露可导电部分通过保护线（PE 线）接到电源接地点，与电源共用接地极，而不是连接到设备自己专用的接地极上。在这种系统中，中性线（N 线）和保护线（PE 线）是分开的，不能有任何电气连接。TN-S 系统是我国应用最广泛的一种系统。自带变配电所的建筑物和建筑小区中多采用 TN-S 系统。

2）TN-C 系统。TN-C 系统将保护线（PE 线）和中性线（N 线）的功能结合起来，由一根称为保护中性线（PEN 线）的导体同时承担两者的功能。在用电设备处，PEN 线既连接到设备中性点，又连接到设备的外露可导电部分。按安全要求高于工作要求的原则，PEN 线应先连接设备外露可导电部分，再连接设备中性点。TN-C 系统目前已经很少采用。

3）TN-C-S 系统。TN-C-S 系统是 TN-C 系统和 TN-S 系统的组合形式。在 TN-C-S 系统中，从电源引出的那一段采用 TN-C 系统，到用电设备附近某一点处，再将 PEN 线分成单独的 N 线和 PE 线，从这一点开始，系统相当于 TN-S 系统。

TN-C-S 系统是应用较多的一种系统。目前，工厂的低压配电系统、城市公共低压电网、住宅小区的低压配电系统等常采用 TN-C-S 系统。

## 65. 照明开关为何必须接在相线上？

如果将照明开关接在零线上，尽管开关断开时灯具不亮，但灯具的相线仍然是接通的。一般情况下，如果没有安全意识，灯具不亮就会认为灯具处于断电状态。但事实上，灯具对地电压依然是 220 V。此时人触摸到实际上带电的部位，就会有触电的危险。所以照明开关或单相小容量用电设备的开关，只有串接在相线上，才能确保安全。

## 66. 电器安全标准有哪些？

根据《家用和类似用途电器的安全　第 1 部分：通用要求》（GB 4706.1—2005），电器安全标准共分 0 类、0 I 类、I 类、Ⅱ类、

Ⅲ类 5 大类。

（1）0 类。这类电器只要求带电部分与外壳隔离，没有接地要求，主要用于人们接触不到的地方，如荧光灯的整流器等。

（2）0Ⅰ类。这类电器（如电烙铁等）有工作绝缘，有接地端点可以接地，在干燥环境（木质地板的室内）使用时可以不接地，否则应接地。

（3）Ⅰ类。这类电器有工作绝缘，有接地端点和接地线，规定必须接地或接零。接地线必须使用外表为黄绿色的铜芯绝缘导线，在接地线引出处应有防止松动装置，接触电阻应不大于 0.1 Ω。

（4）Ⅱ类。这类电器采用双重绝缘或加强绝缘，没有接地要求。双重绝缘是指除工作绝缘外，还有独立的保护绝缘或有效的电气隔离。这类电器的安全程度高，可用于与人体皮肤相接触的器具。

（5）Ⅲ类。这类电器指使用安全电压（50 V 以下）的各种电器，如剃须刀、电热毯等。在不能安全接地又不干燥的环境中，必须使用安全电压型产品。

## 67. 安全用电的防护措施有哪些？

（1）设置屏护。设置屏护即采用护罩、护盖箱等把带电体同外界隔绝开来。屏护装置所用材料应有足够的机械强度、良好的耐火性能，屏护装置应有足够的尺寸，与带电体之间应保持必要的距离。

（2）保持间距。保持间距就是使物体与带电体之间保持必要的安全距离。保持间距除可防止触及或过分接近带电体外，还能起到防止火灾、防止混线、方便操作的作用。

（3）加强绝缘。加强绝缘就是采用双重绝缘或另加总体绝缘，即保护绝缘体以防止绝缘损坏后发生触电事故。

（4）装设漏电保护装置。为了保障在故障情况下人身和设备的安全，应尽量装设漏电保护装置。它可以在设备及线路漏电时通过保护装置的检测机构取得异常信号，经中间机构转换和传递，然后促使执行机构动作，自动切断电源，起到保护作用。

（5）保护接地。由于绝缘破坏或其他原因而可能呈现危险电压的金属部分，都应采取保护接地措施。例如，电动机、变压器、开关设备、照明器具及其他电气设备的金属外壳都应予以接地。

# 68. 什么是工作票？工作票的种类有哪些？

工作票是指将需要检修或试验的设备及其工作内容、工作人员、安全措施等填写在具有固定格式的书页上，以作为进行工作的书面依据。这种具有电气工作固定格式的书页称为工作票。根据工作性质和工作范围的不同，工作票分为电气第一种工作票、电气第二种工作票、电气带电作业工作票、紧急抢修工作票等种类。

（1）电气第一种工作票。高压设备、高压电力电缆、高压直流系统应全部停电或部分停电或需要采取安全措施的工作，填用电气第一种工作票。

（2）电气第二种工作票。设备不停电时的安全距离大于表1-4规定的安全距离的相关场所和带电设备外壳上的工作以及不可能触及带电设备导电部分的工作，填用电气第二种工作票。

（3）电气带电作业工作票。带电作业或作业人员工作中正常活动范围与设备带电部分的安全距离小于表1-5规定的安全距离，需要采取带电作业措施开展的邻近带电体的不停电工作，填用电气带电作业工作票。

表 1-4　　　　　设备不停电时的安全距离

| 电压等级/kV | 安全距离/m | 电压等级/kV | 安全距离/m |
|---|---|---|---|
| 10 及以下（13.8） | 0.70 | 1 000 | 8.70 |
| 20、35 | 1.00 | ±50 及以下 | 1.50 |
| 66、110 | 1.50 | ±400 | 5.90 |
| 220 | 3.00 | ±500 | 6.00 |
| 330 | 4.00 | ±660 | 8.40 |
| 500 | 5.00 | ±800 | 9.30 |
| 750 | 7.20 | | |

注：表中未列的电压等级按高一挡电压等级确定安全距离。±400 kV 数据是按海拔 3 000 m 校正的，海拔 4 000 m 时的安全距离为 6.00 m。750 kV 数据是按海拔 2 000 m 校正的，其他等级数据按海拔 1 000 m 校正。

表 1-5　　　　作业人员工作中正常活动范围与
设备带电部分的安全距离

| 电压等级/kV | 安全距离/m | 电压等级/kV | 安全距离/m |
|---|---|---|---|
| 10 及以下（13.8） | 0.35 | 1 000 | 9.50 |
| 20、35 | 0.60 | ±50 及以下 | 1.50 |
| 66、110 | 1.50 | ±400 | 6.70 |
| 220 | 3.00 | ±500 | 6.80 |
| 330 | 4.00 | ±660 | 9.00 |
| 500 | 5.00 | ±800 | 10.10 |
| 750 | 8.00 | | |

注：表中未列的电压等级按高一挡电压等级确定安全距离。±400 kV 数据是按海拔 3 000 m 校正的，海拔 4 000 m 时的安全距离为 6.80 m。750 kV 数据是按海拔 2 000 m 校正的，其他等级数据按海拔 1 000 m 校正。

（4）紧急抢修工作票。紧急缺陷或需要紧急处置的故障停运设备设施的抢修工作或灾后抢修工作，填用紧急抢修工作票。

# 69. 发电厂（变电站）和电力线路第一种工作票和第二种工作票分别适用于什么工作?

工作票是准许在电气设备、热力和机械设备以及电力线路上工作的书面命令书。工作票所涉及人员包括工作票签发人、工作负责人（监护人）、工作许可人、工作班成员。

（1）发电厂（变电站）第一种工作票适用于以下工作：

1）在发电厂或变电站高压电气设备上工作，需要全部或部分停电。

2）在高压室内的二次接线和照明等回线上工作，需要将高压设备停电或采取安全措施。

（2）发电厂（变电站）第二种工作票适用于以下工作：

1）在发电厂或变电站的电气设备上带电作业和在带电设备外壳上的工作。

2）在控制盘和低压配电盘、配电箱、电源干线上的工作。

3）在二次接线回路上工作，无须将高压设备停电。

4）在转动中的发电机、同期调相机的励磁回路或高压电动机转子电阻回路上的工作。

5）非当班值班人员用绝缘棒和电压互感器定相或用钳形电流表测量高压回路的电流。

（3）电力线路第一种工作票适用于以下工作：

1）在停电线路（或在双回线路中的一回停电线路）上的工作。

2）在全部或部分停电的配电变压器台架上或配电变压器室内的工作。

（4）电力线路第二种工作票适用于以下工作：

1）在电力线路上的带电作业。

2）在带电线路杆塔上的工作。

3）在运行中的配电变压器台架上或配电变压器室内的工作。

# 70. 如何正确填写工作票?

工作票由发布工作命令的人员填写，一式两份，一般在开工前一天交到运行值班处，并通知施工负责人。一个工作班在同一时间内只能布置一项工作任务，发给一张工作票。工作范围以一个电气连接部分为限。

（1）第一种工作票填写要求如下：

1）工作许可人填写安全措施，不允许写"同左"字样。

2）应装设的地线要写明装设的确切地点，已装设的地线要写明确切地点和地线编号。

3）工作地点保留带电的部分，要写明工作邻近地点有触电危险的具体带电部位和带电设备名称并悬挂警告牌。

（2）在开工前，工作许可人必须按工作票"许可开始工作的命令"栏内的要求把许可的时间、许可人及通知方式等认真地填写清楚。工作终结后，工作负责人必须按"工作终结的报告"栏内规定的内容逐项认真填写，严格履行工作票终结手续。

（3）工作票的填写内容必须符合安全工作规程的规定，工作票由统一编号按顺序使用，填写时要做到字迹工整、清楚、正确。如有个别错、漏字需要修改，必须确保清晰并在该处盖章。执行后的工作票要妥善保管（至少保存3个月）以备检查。

# 71. 什么是工作许可制度？执行工作许可制度的注意事项有哪些？

工作许可制度是指在采取安全措施后，为进一步加强工作责任感，确保工作安全所必须执行的工作制度。工作许可人（运行值班负责人）根据工作票的内容在采取设备停电安全技术措施后，向工作负责人发出工作许可的命令，工作负责人方可开始工作。在检修工作中，工作间断、转移以及工作终结必须由工作许可人许可。所有这些组织程序规定就是工作许可制度。执行工作许可制度应注意以下3点：

（1）电气工作开始前，必须完成工作许可手续。工作许可人（运行值班负责人）应负责审查工作票所列安全措施是否正确完善，是否符合现场条件，并负责落实施工现场的安全措施。在变配电所内工作时，工作许可人应会同工作负责人到现场检查安全措施是否完备、可靠，并检验、证明检修设备确无电压。工作许可人应向工作负责人指明带电设备的位置和注意事项，工作许可人、工作负责人分别在工作票上签字，工作班组方可开始工作。

（2）工作中，工作负责人和工作许可人任何一方不得擅自变更安全措施，值班人员不得变更有关检修设备的运行接线方式。工作中如有特殊情况须变更时，应事先取得对方同意。

（3）线路停电检修时，运行值班人员必须在变配电所将线路可能受电的各方面拉闸停电，并挂好接地线，将工作班组数目、工作负责人姓名、工作地点和工作任务记入记录簿内，然后才能发出许可工作的命令。

# 72. 什么是工作监护制度？

工作监护制度是指检修工作负责人带领工作人员到施工现场布置好工作后，对全班人员不间断进行安全监护，以防止工作人员靠近带电设备发生触电事故，误走到危险的高处发生摔伤事故，以及错误施工造成事故。工作负责人因事离开现场必须指定临时监护人。当工作地点分散，有若干工作小组同时进行工作时，工作负责人必须指定工作小组监护人，监护人在工作中必须履行监护职责。

工作监护制度是保障人身安全及操作正确的主要措施，执行工作监护制度是为了使工作人员在工作过程中有人监护、指导，以便及时纠正一切不安全的动作和错误做法，在靠近有电部位及工作转移时工作监护制度尤为重要。监护人应熟悉现场的情况，应有电气工作的实际经验，其安全技术等级应高于操作人。

# 73. 什么是工作间断、转移和终结制度？

工作间断、转移和终结制度是指工作间断、工作转移和全部工作完成后应遵守的制度。发电厂、变电站及电力线路的工作，根据工作任务、工作时间、工作地点，一般都需要经历工作间断、转移和终结几个环节。所有电气工作人员必须严格遵守工作间断、转移和终结制度的有关规定。

（1）工作间断制度。工作间断制度是指在执行工作票或安全措施票期间，因故暂时停止工作，复工或当日收工后次日再进行工作，即工作中间有间断以及在工作间断时所规定的一些制度。

（2）工作转移制度。工作转移制度是指修好一台设备并转移到另一台设备上工作时，应重新检查安全技术措施有无变动或重新办理工作许可手续的制度。

（3）工作终结制度。工作终结制度是指检修工作完毕，工作负责人督促全体工作人员撤离现场，对设备状况、现场清洁卫生工作及有无遗留物件等进行检查，然后向工作许可人报告，并一同对工作进行验收、检查，合格后双方在工作票、安全措施票上签字，这时工作票才算终结。

## 74. 安全色和电气设备颜色标志有哪些？

安全色是表达安全信息含义的颜色，国家规定的安全色有红、蓝、黄、绿4种颜色。红色表示禁止、停止，蓝色表示指令、必须遵守的规定，黄色表示警告、注意，绿色表示指示、安全状态、通行。使安全色更加醒目的反衬色称为对比色，国家规定的对比色有黑、白两种颜色。安全色及其对比色是红—白、黄—黑、蓝—白、绿—白。黑色用于安全标志的文字、图形符号和警告标志的几何图形。白色作为安全标志红、蓝、绿色的背景色，也可用于安全标志的文字和图形符号。

电气设备上用黄、绿、红3种颜色分别代表U、V、W 3个相序。红色外壳表示其外壳有电，灰色外壳表示其接地或接零。线路中黑色代表工作零线，明敷的接地扁钢或圆钢涂黑色。黄绿双色绝缘导线代表保护零线。直流电中红色代表正极，蓝色代表负极。信号和警告回路用白色。

## 75. 在电气设备巡视检查中保障安全的规定有哪些？

在电气设备巡视检查中，为了保障巡视人员和设备的安全，必须严格遵守电力安全工作规程的巡视规定。

（1）巡视检查应明确检查的项目、周期和巡视路线，配备必要的检查工具。

（2）巡视高压配电装置，一般应由两人进行。允许单独巡视高压电气设备的人员，应经电气技术和安全管理部门考试合格，并由本单位负责人批准公布。巡视检查过程中，不得同时进行其他工作，不得打开间隔门，不得移开或越过遮栏。

（3）巡视检查的路线应固定。固定路线前，应反复测试并论证其合理性和科学性。巡视路线的基本要求是路线短，巡视项目全，巡视时间少，且安全可靠。

（4）雷雨天气巡视高压设备时，应穿绝缘靴，并不得靠近避雷器、避雷针及其他接地装置。高压设备发生接地故障时，室内不得靠近接地故障点 4 m 以内，室外不得靠近接地故障点 8 m 以内。进入上述区域内的人员，必须穿绝缘靴，接触电气设备外壳和构架时应戴绝缘手套。巡视过程中或作业过程中，高压设备或线路如果突然发生接地故障，应单脚或双脚跳跃离开上述区域。

（5）进入高压室内巡视时，必须随手将门关住并锁好，以防止他人误入，同时可防止小动物进入室内造成短路。

（6）巡视周期应视本单位电气系统的具体情况而定。

（7）巡视检查电气设备及线路时，要精力集中，认真负责，仔细分析，充分发挥眼、鼻、耳、手的作用，也可用红外线测温仪、高倍望远镜等进行观测，进而分析设备的运行状态。

# 76. 什么是电工电子产品的环境条件？

电气设备总是在某一特定的环境中工作，不同的环境状况对电气设备的可靠性、使用寿命、故障后果等有不同的影响。因此，研究环境状况与电气设备各种性能之间的关系是必要的。研究电气设备性能与环境状况之间关系的技术称为环境技术，包括两个方面的内容：一个是环境条件，另一个是环境试验。

我国对电工电子产品的环境条件做了三方面的规定。第一是对不同环境条件的界定进行了规定，主要体现在《环境条件分类　第1部分：环境参数及其严酷程度》（GB/T 4796—2017）中；第二是对自然环境条件及对应的产品类型进行了规定，体现在《环境条件分类　自然环境条件　温度和湿度》（GB/T 4797.1—2018）、《环境条件分类　自然环境条件　气压》（GB/T 4797.2—2017）等系列标准中，如产品有一般型、湿热型、高海拔型等；第三是对工作场所环境条件及对应的产品类型进行了规定，体现在《环境条件分类　环境参数组分类及其严酷程度分级　第1部分：贮存》（GB/T 4798.1—2019）、《环境条件分类　环境参数组分类及其严酷程度分级　第2部分：运输和装卸》（GB/T 4798.2—2021）等系列标准中，如产品有户内型、户外型以及固定型、车用型、船用型等。

# 77. 什么是电工电子产品的环境试验？

电工电子产品的环境试验是将电工电子产品暴露在自然的或人工的环境条件下，以评价产品在实际使用、运输和储存环境条件下的性能。

环境试验分为自然暴露试验、现场运行试验和人工模拟试验3种。自然暴露试验是将样品长期暴露在自然环境条件下进行测试；现场运行试验是将样品装置在各种典型的使用现场并使其处于正常运行状态进行测试；人工模拟试验是在实验室的试验设备（箱或室）内模拟一个或多个环境因素的作用，并予以适当的强化后对样品进行测试。人工模拟试验应用最多，是建立在前两种试验基础之上的。常用的环境试验有湿热试验、外壳防护试验、腐蚀试验、振动试验、耐冲击试验、着火危险试验等。

# 第二部分 发电厂与电网运行维护安全技术

## 78. 什么是新型电力系统？

新型电力系统是以承载实现碳达峰碳中和、贯彻新发展理念、构建新发展格局、推动高质量发展的内在要求为前提，以确保能源电力安全为基本前提，以满足经济社会发展电力需求为首要目标，以最大化使用新能源为主要任务，以坚强智能电网为枢纽平台，以源网荷储互动与多能互补为支撑，具有清洁低碳、安全可控、灵活高效、智能友好、开放互动基本特征的电力系统。

## 79. 什么是火力发电？火力发电有哪些优缺点？

火力发电是指利用石油、煤炭和天然气等燃料在锅炉中燃烧产生的热能来加热水，使水变成高温高压水蒸气，再由水蒸气推动汽轮机旋转，由汽轮机带动发电机发电的方式。发电机发出的电经过升压变压器，把电压升高后送至电网。以煤、石油或天然气作为燃料的发电厂统称为火力发电厂，如图 2-1 所示。

火力发电厂由锅炉、汽轮机、汽轮发电机三大主要设备和相应的辅助设备组成，它们通过管道或线路相连构成生产主系统。火力发电系统主要由燃烧系统（以锅炉为核心）、汽水系统（主要由各类泵、

图 2-1　火力发电厂

给水加热器、凝汽器、管道、水冷壁等组成）、电气系统（以汽轮发电机、主变压器等为主）、控制系统等组成。

　　火力发电的优点是机组受地理环境及气候影响较小，技术成熟，建设成本较低，建设周期较短。

　　火力发电的缺点是使用的燃料如煤、石油等为不可再生能源，蕴藏量有限，资源有面临枯竭的可能；煤炭燃烧排放的二氧化碳和硫化物会对环境造成污染，导致温室效应。

## 80. 什么是水力发电？水力发电的优缺点有哪些？

　　水力发电是指利用河川、湖泊等天然水资源中的水能进行发电的方式。为了有效地利用天然水能，将水能转换为机械能，再将机械能转换为电能，需要修建集中天然水流落差并能调节流量的水工建筑，如筑坝形成水库、建设引水建筑物和厂房等，以构成水力发电厂。

　　水力发电厂基本设备是水轮发电机组。当水流通过水力发电厂引水建筑物进入水轮机时，水轮机受水流推动而转动，将水能转换为机械能；水轮机带动发电机发电，将机械能转换为电能，再经过变电和输配电设备，将电力送到用户。图 2-2 所示为水力发电厂。

图 2-2 水力发电厂

水力发电的优点如下：

（1）水能蕴藏量大，是自然界可再生清洁能源。

（2）水力发电不消耗燃料，无有害物质排出，运行管理和发电成本低。

（3）机组启动快，调节较容易，水力发电效率高。

水力发电的缺点如下：

（1）水力发电厂建设周期长，建设投资大，建成后不易增加容量。

（2）丰水或枯水期会影响发电能力。

（3）水力发电厂建设开发过程中可能对水文地质、动植物等生态环境产生冲击与影响。

# 81. 什么是核能发电？核能发电有哪些优缺点？

核能发电是利用核反应堆中核裂变所释放出的热能进行发电的方式。

核能也称原子能，它是原子核裂变时释放出的巨大能量。核能发电主要利用核燃料铀裂变所释放的核能，将水加热成高温高压水蒸气，推动汽轮机进行发电。图2-3所示为核能发电厂。

图2-3　核能发电厂

核能发电的优点如下：

（1）核能发电不像火力发电那样有巨量污染物质排放到大气中。

（2）核能发电不会产生加重地球温室效应的二氧化碳。

（3）核燃料能量密度比化石燃料高几百万倍，故核能发电所消耗的燃料极少。

（4）核能发电的成本中，燃料费用所占的比例较低，核能发电的成本较为稳定。

核能发电的缺点如下：

（1）核能发电会产生高低阶放射性废料，必须慎重处理。

（2）核能发电厂热效率较低，与火力发电厂相比会排放更多废热到环境中，故核能发电厂的热污染较严重。

（3）核能发电厂的反应器内有大量的放射性物质，如果在事故中释放到外界环境，会对生态及周边居民造成危害。

## 82. 什么是新能源发电？常见的新能源发电有哪几种类型？

世界能源结构已由矿物能源向可再生能源为基础的可持续能源系

统转变。已经广泛应用的煤炭、石油、天然气、水能、核能等能源，称为常规能源。新能源一般是指在新技术基础上加以开发利用的可再生能源，包括太阳能、生物质能、风能、地热能、波浪能、洋流能和潮汐能、氢能等。新能源发电就是利用现有的技术，通过新能源实现发电的过程。

常见的新能源发电有以下几种类型：

（1）太阳能热发电。太阳能热发电也称为聚焦型太阳能热发电，通过大量反射镜以聚焦的方式将太阳能光直接聚集起来，加热工质，产生高温高压的蒸汽驱动汽轮机来发电。

（2）光伏发电。光伏发电是将太阳辐射能通过光伏组件直接转换成直流电能，并通过功率变换装置与电网连接在一起，向电网输送有功功率和无功功率的发电系统，一般包括光伏阵列、控制器、逆变器、储能控制器、储能装置等。

（3）风力发电。风力发电是指利用风轮将风能转变为机械能，风轮带动发电机再将机械能转变为电能。风能是一种清洁无公害的可再生能源，利用风力发电非常环保，且风能蕴藏量巨大，因此日益受到世界各国的重视。

（4）生物质能发电。生物质能资源是可用于转化为能源的有机资源，主要包括薪柴、农作物秸秆、人畜粪便、食品制造工业废料及有机垃圾等。生物质能发电是以生物质及其加工转化成的固体、液体、气体为燃料的热力发电。新能源发电厂如图 2-4 所示。

# 83. 我国电力网的电压等级有哪些？

电压等级是国家根据国民经济发展的需要、技术经济合理性以及电力设备的制造水平等因素综合确定的。电气设备在额定电压下工作

图 2-4　新能源发电厂

a）太阳能热发电厂　b）光伏发电厂　c）风力发电厂　d）生物质能发电厂

时，其技术性能与经济性能最佳。

我国工频电压等级有 0.22 kV、0.38 kV、6 kV、10 kV、35 kV、66 kV、110 kV、220 kV、330 kV、500 kV、750 kV、1 000 kV。其中，66 kV 和 330 kV 为限制发展电压等级。

## 84. 光伏发电运维值班员的主要工作任务有哪些?

光伏发电运维值班员是指操作、维护光伏发电设备及附属设备，监控其运行工况的人员。光伏发电运维值班员的主要工作任务如下：

（1）启、停光伏发电设备及附属设备。

（2）巡视、检查、监控光伏发电设备及附属设备的运行工况，发现异常后及时上报并进行处理。

（3）执行调度命令，进行倒闸操作和事故处理。

（4）维护光伏发电设备及附属设备。

（5）统计、分析光伏发电设备运行技术数据。

（6）验收新投入和检修后的设备。

（7）填写运行日志和技术记录。

# 85. 风力发电运维值班员的主要工作任务有哪些?

风力发电运维值班员是指操作风力发电、升压站设备，巡视、监控其运行工况的人员。风力发电运维值班员的主要工作任务如下：

（1）启、停风力发电设备及输变电设备。

（2）巡视、检查、监控风力发电设备及配套输变电设备的运行工况，发现异常后及时上报并进行处理。

（3）执行调度命令，进行倒闸操作和事故处理。

（4）维护风力发电设备及附属设备。

（5）统计、分析风力发电设备运行技术数据。

（6）验收新投入和检修后的设备。

（7）填写运行日志和技术记录。

# 86. 光伏组件运行的基本要求有哪些?

光伏组件也称为太阳能电池板，是太阳能发电系统中的核心部分，其作用是将太阳能转化为电能，并送往蓄电池中存储起来。光伏组件运行的基本要求如下：

（1）光伏组件封装面应完好无损，表面应洁净无污浊。

（2）光伏组件引出线及接线盒应完好。

（3）光伏组件插头接触良好，满足防水要求，并绑扎整齐。

（4）使用金属边框的光伏组件，边框应牢固接地。

（5）光伏组件的铭牌应清晰、固定牢固。

（6）光伏发电单元应在明显位置标示编号。

（7）光伏组件表面的防腐涂层不应出现开裂和脱落现象，所有的螺栓、焊缝和支架连接牢固可靠。

（8）光伏组件接地牢固可靠。

## 87. 电网最常见的故障有哪些？发生故障后有什么后果？

在电网运行中，最常见、最危险的故障是各种形式的短路，其中以单相接地短路最多，三相短路则较少。旋转电机和变压器可能发生绕组的匝间短路。输电线路有时可能发生断线故障及在超高压电网中出现非全相运行。

发生故障可能引起的后果如下：

（1）电网中部分地区的电压大幅度降低，若电气设备的工作电压降低到额定电压的 40%，持续时间大于 1 h，电动机可能停止转动。

（2）短路点通过很大的短路电流，所产生的电弧使故障设备烧毁。

（3）电网中故障设备通过短路电流时产生很大的电动力和高温，使设备遭到破坏或损伤，缩短使用寿命。

（4）破坏电力系统内各发电厂之间机组并列运行的稳定性，使机组间产生振荡，严重时甚至可能使整个电力系统瓦解。

（5）短路时对附近的通信线路或信号产生严重的干扰。

## 88. 电力系统低频率运行有什么危害?

电力系统正常频率为 50 Hz，低频率运行将对发电设备和用户设备造成损坏，具体有以下危害:

（1）汽轮发电机叶片将因振动大而产生裂纹，甚至发生断裂事故。

（2）系统低频率运行会使用户的电动机转速按比例降低，直接影响生产的产量和质量。

（3）低频率运行会使火力发电厂厂用机械生产率降低，严重时还会引起频率崩溃。

（4）电力系统频率降低，将导致汽轮发电机、水轮发电机、锅炉及其他设备的效率降低，影响发电厂经济效益。

（5）电力系统低频率运行会破坏电厂与系统运行的经济性，增加燃料消耗。

## 89. 电力系统中性点接地方式有哪些类型?

电力系统中性点是指三相绕组做星形连接的变压器和发电机的中性点。电力系统中性点与大地间的电气连接，称为电力系统的中性点接地方式。电力系统中性点接地方式，通常可分为中性点不接地、中性点经消弧线圈接地、中性点直接接地 3 种。

（1）中性点不接地系统。在中性点不接地系统中，当发生单相接地时，未接地两相的对地电压升高到 $\sqrt{3}$ 倍，即等于线电压。所以，在这种系统中，相对地的绝缘水平应根据线电压来设计。单相接地后，各相间的电压大小和相位仍然不变，三相系统的平衡没有遭到破坏，因此可继续运行不超过 2 h，这是中性点不接地系统的最大优点。

（2）中性点经消弧线圈接地系统。中性点不接地系统在发生单相接地故障时虽可以继续供电，但在单相接地故障电流较大（如35 kV系统中单相接地故障电流大于10 A，10 kV系统中单相接地故障电流大于30 A）时，就无法继续供电。为了克服这个缺陷，便出现了经消弧线圈接地的方式。消弧线圈是一个具有铁芯的可调电感线圈，装设在变压器或发电机的中性点。当发生单相接地故障时，可形成与接地电容电流大小接近而方向相反的电感电流，电感电流与电容电流相互补偿，使流经接地处的电流变得很小以至等于零，从而消除接地处的电弧及其危害。

（3）中性点直接接地系统。中性点直接接地系统属于较大电流接地系统。发生故障后，继电保护装置会立即动作，使开关跳闸，消除故障。目前我国110 kV以上系统大都采用中性点直接接地方式。

## 90. 对中性点接地方式的规定有哪些?

中性点接地方式是涉及电力系统多方面的综合性问题，它与电压等级、过电压水平、单相接地短路电流、继电保护及自动装置的配置等有关，直接影响电网的绝缘水平、系统供电的可靠性。我国对中性点接地方式的规定如下：

（1）对于110 kV及以上的电力系统，采用中性点直接接地方式。

（2）对于35 kV电力系统的中性点，接地电流不超过10 A的，采用中性点不接地方式；接地电流超过10 A的，采用中性点经消弧线圈接地方式。

（3）对于3~10 kV电力系统，通常采用中性点不接地方式，只有在接地电流大于 30 A 时才考虑中性点经消弧线圈接地。

（4）对于 380/220 V 低压系统，一般采用中性点直接接地方式。

# 91. 中性点直接接地系统和中性点不接地系统的短路各有什么特点？

在中性点直接接地的电力系统中，单相接地故障最多，占全部短路故障的 70% 以上，两相短路和两相接地短路分别约占 10%，而三相短路一般只占 5% 左右。

在中性点不接地的电力系统中，短路故障主要是相间短路故障，包括不同两相接地短路。在中性点不接地的电力系统中，单相接地不会造成故障，流过的容性电流为正常运行时单相对地电容电流的 3 倍，对电气设备基本无影响。如果中性点发生偏移，对地电压由零上升为相电压，非故障相对地电压由正常时的相电压升高为故障后的线电压，线电压仍保持不变，即三相线电压仍平衡，故允许继续运行不超过 2 h。

# 92. 巡视高压设备时应遵守哪些规定？

巡视高压设备时应遵守以下规定：

（1）巡视高压设备时，不得进行其他工作，不得随意移开或越过遮栏。

（2）雷雨天气需要巡视室外高压设备时，应穿戴好绝缘靴等防护用品，不得靠近避雷针和避雷器。

（3）高压设备发生接地时，室内不得接近故障点 4 m 以内的区域，室外不得接近故障点 8 m 以内的区域。进入上述范围时，工作人员必须穿绝缘靴，戴好防护用品，接触设备的外壳和构架时应戴好绝缘手套。

（4）巡视配电装置，出高压室后必须将门锁好。

## 93. 电气设备停、送电操作的顺序是什么？

电气设备停、送电操作应严格按规程顺序进行。

（1）停电操作时，应先停一次设备，后停二次保护与自动装置；送电操作时，应先投入保护与自动装置，后投入一次设备。电气设备操作过程是事故发生率比较高的阶段，要求发生事故时保护与自动装置能及时断开断路器，使故障设备从系统中隔离，因此，二次保护与自动装置在一次设备操作过程中应始终加用（操作过程中容易误动的保护与自动装置除外）。

（2）设备停电时，先断开该设备各侧断路器，再断开各侧断路器两侧隔离开关；设备送电时，先合上该设备各侧断路器两侧隔离开关，再合上该设备断路器。其目的是有效地防止带负荷拉合隔离开关。

（3）设备送电时，合隔离开关及断路器的顺序是从电源侧逐步向负荷侧送电；设备停电时，断开断路器及隔离开关的顺序是从负荷侧逐步向电源侧停电。

## 94. 变压器正常运行的条件是什么？

变压器是用来将某一数值的交流电压（电流）转变成频率相同、数值不同的另一种或几种电压（电流）的设备。变压器对电压（电流）进行变换，以满足电能的输送、分配和使用要求。变压器正常运行应满足以下3个条件：

（1）变压器完好。变压器本体无任何缺陷；各种电气性能符合规定；变压器油的各项指标符合标准，油位正常，声响正常；冷却系统、调压装置、套管、气体继电器、压力释放阀等完好，其状态符合变压器的运行要求。

（2）变压器额定参数符合运行要求。电压、电流、容量、温度以及辅助设备要求的额定运行参数（如冷却器工作电源、控制回路电源等）应满足要求。

（3）运行环境符合要求。变压器接地良好，各连接接头紧固；各侧避雷器工作正常；各继电保护装置工作正常等。

# 95. 变压器安全装置的作用是什么？

变压器安全装置主要是指安全气道（防爆管）和压力释放阀。油浸式变压器内部发生故障或短路时，电弧或短路电流使变压器油汽化，产生大量高压气体，导致油箱内部承受巨大的压力，若压力不及时释放，可能使油箱变形甚至爆裂。安全装置可排出因故障产生的高压气体和油，以降低油箱所承受的压力，保障油箱的安全。

（1）安全气道。变压器的安全气道又称喷油嘴。安全气道安装在变压器油箱盖上，变压器内部发生故障时，可作为防止油箱内产生过高压力的释放保护装置。

（2）压力释放阀。压力释放阀是一种安全保护阀门，在全密封变压器中用于代替安全气道，作为油箱防爆保护装置。当油箱内压力升高到压力释放阀开启压力时，压力释放阀在 2 ms 内迅速开启，使油箱压力快速降低；当油箱内压力降低到压力释放阀的关闭压力时，压力释放阀又可靠关闭，使油箱内保持正压，防止水、气等进入油箱。

## 96. 运行中的变压器出现哪些情况应立即停止运行？

变压器在运行中出现下述情况之一时，应立即对变压器进行停运处理：

（1）变压器内部声响明显增大且声调异常，内部有爆裂声。

（2）在正常负荷和冷却条件下，变压器上层油温异常并不断上升，且经检查证明温度计指示正确。

（3）压力释放装置动作或喷油。

（4）严重漏油，致使油面低于油位计的指示限度。

（5）油色异常，油内出现大量炭质。

（6）套管有严重的破损和放电现象。

（7）变压器接头引线接触不良，引线或接头发红、发热。

（8）变压器喷油、着火。

## 97. 大型变压器停、送电操作时，中性点为什么一定要接地？

大型变压器停、送电操作时中性点一定要接地，主要是为了防止过电压损坏变压器。

（1）对于一侧有电源的受电变压器，当其断路器非全相断、合时，若其中性点不接地有以下危险：

1）变压器电源侧中性点对地电压最大可达相电压，可能损坏变压器绝缘。

2）变压器的高低压绕组之间有电容，电容会造成高压对低压的"传递过电压"。

3）当变压器高低压绕组之间电容耦合，导致低压侧电压达到谐振条件时，可能会出现谐振过电压，损坏绝缘。

（2）对于低压侧有电源的送电变压器，若其中性点不接地有以下危险：

1）由于低压侧有电源，在并入系统前，变压器高压侧发生单相接地，其中性点对地电压是相电压，可能损坏变压器绝缘。

2）非全相并入系统且只有一相与系统相连时，由于发电机和系统的频率不同，变压器中性点又未接地，该变压器中性点对地电压最高是 2 倍相电压，其他相的电压最高可达 2.73 倍相电压，将造成绝缘损坏事故。

## 98. 长时间在高温工况下运行对变压器有何危害?

变压器在运行时，铁芯和绕组产生的损耗转化为热量，引起变压器发热及温度升高。热量以辐射、传导等方式向周围扩散，当发热与散热达到平衡状态时，各部分的温度趋于稳定。

油浸式变压器的绝缘材料一般为 A 级绝缘，若变压器长期在高温下运行，将导致变压器绝缘材料老化，绝缘油油色变深、混浊且黏度、酸度增加，绝缘性能变差，影响变压器使用寿命。

巡视检查变压器时，应记录上层油温。上层油温的允许值应遵循制造厂的规定，对自然油循环自冷、风冷的变压器，上层油温最高不得超过 95 ℃；为防止变压器油劣化过快，上层油温不宜经常超过 85 ℃。变压器运行中应加强冷却，降低温升，延长变压器使用寿命。

## 99. 发电厂、变配电站安装继电保护装置的目的是什么?

当发电厂、变配电站电气设备在运行中由于绝缘损坏、过载、短路、误操作等原因发生故障或异常时，继电保护装置能在最短时间和最小区域内，自动将故障设备从系统中剔除，或发出信号由值班人员消除异常工况，最大限度地减少对设备的损坏，降低对地区安全供电的影响，提高系统运行可靠性。

## 100. 什么是变电站？什么是配电所？

变电站是联系发电厂和用户的中间环节，起着变换电压、接受和分配电能的作用。

变电站通过变压器将各级电压的电网联系起来，是电力网的节点和枢纽。变电站中包含的主要设备有：起变换电压作用的变压器，开合电路的开关设备，汇集与分配电能的母线、电力电缆，计量、保护和控制用的电压、电流互感器以及电容无功补偿设备、防雷保护装置、消弧线圈、继电保护及综合自动化装置、调度通信装置等。

配电所是向特定区域进行中压或低压配电的供电点，它侧重于对用户供电的分配、控制与保护，通常不对电能进行变压。配电所的容量一般不大，通常按"小容量、多布点"的方式应用。

## 101. 什么是一次设备？一次设备有哪些类型？

一次设备是指直接生产、输送、转换、分配和使用电能的设备，其特点是高电压、大电流。一次设备可分为以下类型：

（1）生产和转换电能的设备：发电机、变压器、电动机。

（2）接通和断开电路的开关设备：断路器、负荷开关、隔离开关。

（3）限流保护电器：电抗器、熔断器、避雷器、放电间隙。

（4）载流导体：输电线路、母线、电力电缆。

（5）互感器：电流互感器、电压互感器。

（6）补偿设备：电容器、消弧线圈、调相机。

（7）接地装置。

# 102. 什么是二次设备？二次设备有哪些类型？

二次设备是对一次设备进行保护、监视、测量、控制、调节的设备，其特点是低电压、小电流。二次设备有以下类型：

（1）继电保护及自动装置：微机保护装置、继电器、自动装置。

（2）测量表计：电压表、电流表、功率表、电能表。

（3）操作电器：操作把手、按钮。

（4）直流电源设备：蓄电池组、硅整流装置。

（5）其他如控制回路、信号回路等。

# 103. 二次设备常见的故障和事故有哪些？

二次设备常见的故障和事故如下：

（1）二次接线异常、故障，如二次接线错误、控制回路断线。

（2）继电保护及自动装置异常、故障，如高频保护通道异常、继电保护装置故障。

（3）电流互感器、电压互感器等异常、故障，如电流互感器二次侧开路、电压互感器二次侧短路等。

（4）直流系统异常、故障，如直流正极或负极接地、直流电压低、直流电压高等。

（5）监控系统故障。

# 104. 电力系统为什么要采用无功补偿装置？

为了满足电力网和负荷端电压水平及电网安全、经济运行的要求，在电力网和负荷端设置的无功电源或装置称为无功补偿装置。

在电力系统中，无功功率不足会使系统电压及功率因数降低，损坏用电设备，严重时会造成电压崩溃，系统瓦解，造成大面积停电。另外，功率因数和电压的降低还会使电气设备得不到充分利用，造成电能损耗增加，效率降低，限制线路的送电能力，影响电网的安全运行及用户的正常用电。

在电力系统中，发电机是无功功率的电源，若电源不能满足电网无功功率的要求，需要加装无功补偿装置。

## 105. 什么是电气安全距离?

电气安全距离是指防止人体触及或接近带电体，防止车辆或其他物体碰撞或接近带电体造成危险，确保人员和设备不发生事故所需要的最小安全距离。电力行业的电气安全距离包括线路安全距离、变配电装置安全距离、用电设备安全距离、通道及围栏安全距离、检修作业和操作安全距离等。

## 106. 为什么要对设备进行巡视检查?

对设备的定期巡视检查是随时掌握设备运行、变化情况，发现设备异常情况，确保设备连续安全运行的主要措施。值班人员必须按设备巡视检查线路认真执行，巡视检查中不得兼做其他工作，遇雷雨时应停止巡视检查。

值班人员对运行设备应做到正常运行按时查，高峰、高温认真查，天气突变及时查，重点设备重点查，薄弱设备仔细查。

## 107. 高压开关柜巡视检查的项目有哪些?

高压开关柜是在电力系统发电、输电、配电和电能转换中起通断、控制、保护等作用的电气设备。高压开关柜主要由柜体、高压断路器、电器元件（包括母线、载流导体、电流互感器、电压互感器、绝缘件、继电保护装置、仪表等）、操作机构、二次端子及连线等组成。

高压开关柜巡视检查的项目如下：

（1）开关柜屏上指示灯、带电显示器指示应正常，操作方式选择开关、机械操作把手投切位置应正确，控制电源及电压回路电源分合闸指示正确。

（2）分合闸位置指示器与实际运行方式相符。

（3）屏面表计、继电保护装置工作应正常，无异声、异味及过热现象，操作方式选择开关在正常情况下置于"远控"位置。

83

（4）柜内照明正常，通过观察窗观察柜内设备应正常。绝缘子应完好无破损。

（5）柜内应无放电声、异味和不均匀的机械噪声，柜体温升正常。

（6）柜体、母线槽应无过热、变形、下沉，各封闭板螺栓应齐全且无松动、锈蚀，接地应牢固。

（7）真空断路器灭弧室应无漏气。灭弧室内屏蔽罩若为玻璃材料，其表面应呈金黄色光泽，无氧化发黑迹象。$SF_6$断路器气体压力应正常。瓷质部分及绝缘隔板应完好，无闪络放电痕迹，接头及断路器无发热。对于无法直接进行测温的封闭式开关柜，巡视时可用手触摸各开关柜的柜体，以确认开关柜是否发热。

（8）断路器操作结构应完好，二次端子无锈蚀，端子连接紧固。

（9）接地牢固可靠，封闭性良好，防小动物设施应完好。

## 108. 什么是设备状态检修？

设备状态检修是指根据先进的状态检测和诊断技术提供的设备状态信息，来判断设备的异常和预测设备故障，并在故障发生前进行检修的方式。即通过应用现代检修管理技术，利用先进的设备状态检测手段和分析诊断技术，实时了解设备的健康状态和运行工况，及时给出设备的状态评估，然后根据设备的健康状态，合理安排检修项目和检修时机，最大化地降低检修成本，提高设备的可靠性。

## 109. 高压断路器和隔离开关的作用是什么？

（1）高压断路器。高压断路器是指能够关合、承载和开断正常运行电流，并能在规定时间内关合、承载和开断规定的异常电流（如短路电流、过负荷电流）的电气设备。高压断路器是电力系统中最重要的控制和保护设备，主要作用如下：

1）控制作用。根据电力系统运行的需要，高压断路器可将部分或全部电气设备，以及部分或全部线路投入或退出运行。

2）保护作用。当电力系统发生故障时，高压断路器和继电保护装置、自动装置相配合，可将该故障部分从系统中迅速剔除，减小停电范围，防止事故扩大，保护系统中各类电气设备不受损坏，保障系统无故障部分安全运行。

（2）隔离开关。隔离开关在分闸状态有明显可见的断开点，在合闸状态能可靠地通过正常工作电流和短路电流。隔离开关属于特殊的刀闸，主要由导电部分、绝缘部分、传动机构、操作机构、支持底座构成。隔离开关没有灭弧装置，不能用来接通、切断负荷电流和短路电流，只能在电气线路切断的情况下操作。其主要作用如下：

1）隔离电源。在电气设备检修时，隔离开关提供明显可见的断开点，用以保障检修人员的人身安全。

2）关合与开断小电流电路。隔离开关可用于拉、合正常工作的电压互感器、避雷器、不超过 2 A 的空载变压器、不超过 5 A 的空载输电线路。

3）倒换线路或母线。利用等电位原理，隔离开关可将电气设备或线路从一组母线切换到另一组母线。

## 110. 隔离开关允许进行哪些操作？

（1）在电网无接地故障时，拉、合正常工作的电压互感器。

（2）在无雷电活动时，拉、合避雷器。

（3）在电网无接地故障时，拉、合变压器中性点接地开关。

（4）与断路器并联的旁路隔离开关，当断路器合好时，可以接通、断开断路器的旁路电流。

（5）拉、合励磁电流不超过 2 A 的空载变压器。

（6）拉、合电容电流不超过 5 A 的空载输电线路。

## 111. 隔离开关与断路器配合使用时如何进行操作？

隔离开关与断路器配合使用，可完成设备、线路的停、送电操作。

送电操作时，应检查确认断路器在断开状态，先合隔离开关，后合断路器；断电操作时，应先断开断路器，检查确认断路器已断开后，再断开隔离开关。

## 112. 变压器并列运行应满足的条件有哪些？

变压器并列运行是指将两台或两台以上变压器的一次绕组并联在

同一电压的母线上，二次绕组并联在另一电压的母线上，联合向负荷供电。变压器并列运行能保证供电的可靠性。

变压器并列运行应满足以下条件：

（1）变压器的接线组别相同。

（2）变压器的变比相同（允许有±0.5%的差值）。

（3）变压器的短路电压相等（允许有±10%的差值）。

（4）并列变压器的容量比不宜超过3：1。

## 113. 有载调压变压器与无载调压变压器的区别是什么？

连接以及切换变压器分接抽头的装置称为分接开关。若切换分接抽头不需要将变压器从电网中剔除，即可以带着负荷切换，则称为有载调压；若切换分接抽头必须将变压器从电网中剔除，即不带电切换，则称为无励磁调压（无载调压）。

有载调压变压器与无载调压变压器不同点如下：

（1）有载调压变压器装有带负荷调压装置，切换分接抽头时不需要将变压器停电，可以带负荷调整电压。有载调压的优点是能在额定容量范围内带负荷调整电压，且调整范围大，可以减小或避免电压大幅度波动，母线电压质量高。有载调压的缺点是变压器体积大，结构复杂，造价高，检修维护要求高。

（2）无载调压变压器只能在停电的情况下，通过改变分接抽头位置达到调整电压的目的。无载调压变压器调整电压的幅度较小，每改变一个分接抽头，其电压调整2.5%或5%，输出电压质量差，但变压器体积较小，造价低。

## 114. 变电站全站失压如何处理？

变电站发生全站失压事故时，应先根据保护与自动装置动作情况、开关跳闸情况、运行方式、站内设备故障特征，判断故障性质和范围。发生全站失压时，应设法与调度取得联系，以便于正确处理，尽快恢复供电。

（1）尽快与调度取得联系。

（2）尽快恢复站用电源。

（3）尽快恢复直流系统。

（4）夜间时使用事故照明。

（5）对站内设备进行全面检查。

（6）对故障设备进行隔离。

（7）根据调度命令逐步恢复送电。

（8）做好现场事故报告的整理。

## 115. 为什么新安装或大修后的变压器在投入运行前要做冲击合闸试验?

《变电站运行导则》（DL/T 969—2005）规定，新装变压器或大修变压器投入运行前，应做空载冲击合闸试验，新装变压器应连续冲击 5 次，大修后投入运行变压器应连续冲击 3 次。每次冲击间隔时间不少于 5 min，操作前应派人到现场对变压器进行监视，检查变压器有无异声异状，如有异常应立即停止操作。做冲击合闸试验的目的如下：

（1）检查变压器及其回路的绝缘是否存在弱点或缺陷。拉开空载变压器时，有可能产生操作过电压。为了检验变压器绝缘强度能否承受全电压或操作过电压，在变压器投入运行前，应做空载全电压冲击试验。若变压器及其回路有绝缘弱点，就会被操作过电压击穿而暴露。

（2）检查变压器差动保护是否误动。带电投入空载变压器时，会产生励磁涌流，其值可达 6~8 倍额定电流。励磁涌流可使差动保护误动，造成变压器不能投入运行。因此，空载冲击合闸时，在励磁涌流作用下，可对差动保护的接线、特性、定值进行实际检查，并做出该保护可否投入运行的评价和结论。

（3）考核变压器的机械强度。励磁涌流可产生很大的电动力，为了考核变压器的机械强度，应做空载冲击合闸试验。

## 116. 什么是电压互感器？电压互感器的使用注意事项有哪些？

电压互感器是用来变换电压的设备。由于一次设备的高电压难以直接测量，将一次交流高电压转换成测量、保护、控制等使用的 100 V 标准二次电压的变压设备称为电压互感器。电压互感器实际上是降压变压器，用 TV 或 PT 表示。

电压互感器使用注意事项如下：

（1）电压互感器二次侧不容许短路。若发生短路，将产生很大的短路电流，可能烧坏电压互感器，影响一次回路的安全运行，故电压互感器的一次侧、二次侧应装设熔断器。

（2）一次绕组与被测电路并联，二次绕组与所接的测量仪表、继电保护装置或自动装置的电压线圈并联，接线时应注意确保极性正确。

（3）接在电压互感器二次侧的负荷容量应合适，不得超过其额定容量，否则会使电压互感器的误差增大，难以保证测量的准确性。

（4）电压互感器铁芯及二次绕组必须有一点接地。接地后，当一次和二次绕组间的绝缘损坏时，可以防止仪表和继电器出现高电压危及人身安全。

## 117. 在带电的电压互感器二次回路工作时，应采取什么安全措施?

（1）严格防止短路或接地。应使用绝缘工具，戴手套，必要时，工作前申请停用有关继电保护装置和自动装置。

（2）接临时负荷时，必须装有专用的隔离开关和熔断器。

（3）工作时必须有专人监护，严禁将回路的安全接地点断开。

（4）二次回路通电或进行耐压试验前，应通知运行人员和有关人员，并派人到现场看守，检查二次回路及一次设备上确无人工作后，方可加压。

（5）电压互感器的二次回路进行通电试验时，为防止由二次侧向一次侧反充电，除应将二次回路断开外，还应取下电压互感器高压熔断器或断开电压互感器一次隔离开关。

## 118. 为什么运行中的电压互感器不允许短路?

电压互感器一次绕组匝数多，二次绕组匝数少、阻抗小。二次侧约有 100 V 电压，若发生短路，将产生很大的短路电流，造成电压互感器烧毁。因此，在电压互感器二次侧必须装设熔断器防止其短路。

## 119. 如何做好电压互感器的日常维护?

电压互感器的日常维护包括经常保持清洁，检查接地是否良好，检查瓷质部分是否完整、无缺损，检查各接头是否无发热、松动现象，检查熔丝是否良好，有无放电现象、异味、异声。如果是油浸式电压互感器，应查看油面油色是否正常，有无渗油、漏油现象。运行中的电压互感器检查内容如下:

89

（1）油浸式电压互感器油箱是否渗油、漏油，油面指示是否正常。

（2）保护间隙距离是否符合规定。

（3）外观是否完整、无缺损。

（4）接地是否良好。

（5）一次侧、二次侧熔断器是否完好。

（6）有无异常声响。

（7）接线点是否松动。

运行中的电压互感器二次侧不允许短路，为避免短路电流的影响，电压互感器一次侧、二次侧应装设熔断器。

## 120. 什么是电流互感器？电流互感器的使用注意事项有哪些？

电流互感器是依据电磁感应原理将交流一次大电流转换成可供测量、保护、自动装置等使用的二次标准电流（5 A 或 1 A）的变流设备，用 TA 或 CT 表示。

电流互感器由闭合的铁芯和绕组组成。电流互感器的一次绕组匝数少，串联于被测量电路内；二次绕组匝数比较多，串接在测量仪表和保护回路中。由于电流互感器二次绕组中所串接的测量仪表和保护回路的电流线圈阻抗很小，电流互感器的工作状态接近于短路。

电流互感器的使用注意事项如下：

（1）电流互感器在工作中二次侧不允许开路。为防止电流互感器二次侧在运行和试验中开路，规定电流互感器二次侧不允许装设熔断器。如需拆除二次设备，必须先用导线或短路压板将二次回路短接。

（2）电流互感器二次侧有一点必须接地。电流互感器二次侧一点接地,是为了防止一、二次绕组间绝缘击穿时,一次侧的高电压窜入二次侧,危及工作人员人身安全和二次设备安全。

(3)在安装和使用电流互感器时,应注意端子的极性,否则其二次测量仪表、继电保护装置中流过的电流就不是预期的电流,可能引起保护误动作、测量不准确或烧坏仪表。

(4)电流互感器必须保证一定的准确度,才能确保测量精确以及保护装置正确地动作。

## 121. 为什么运行中的电流互感器不允许开路?

当电流互感器二次侧开路时,一次绕组的电流都作为铁芯的励磁电流,使铁芯损耗增大,造成铁芯严重发热,将二次绕组烧损。更主要的是,由于铁芯磁通密度增大,在二次绕组感应出数千伏的高电压,严重危及设备运行人员安全及设备安全。

## 122. 引起电流互感器二次回路开路的原因有哪些?

(1)交流电流回路中的试验端子存在结构或质量缺陷,导致在运行中螺杆与铜板螺孔接触不良,造成开路。

(2)电流回路中的试验端子连接片过长,旋转端子未压在连接片的金属片上,造成开路。

(3)二次回路试验端子触头压接不紧,因回路电流过大导致发热,进而烧断触头造成二次开路。

(4)检修工作存在失误,如误断开电流互感器二次回路,或对电流互感器本体进行试验后未将二次接线接上等。

## 123. 电流互感器二次开路有什么现象?应如何处理?

电流互感器发生二次开路时可能出现以下现象:

（1）因铁芯发热，电流互感器有异常气味。

（2）因铁芯电磁振动加大，电流互感器有异常噪声。

（3）串接在二次绕组中的有关表计（如电流表、功率表、电度表等）指示值减小或为零。

（4）如因二次回路试验端子螺杆松动造成二次开路，可能会有打火现象和放电声响，随着打火，有关表计指针有可能摆动。

出现电流互感器二次开路时，可按下述方法处理：

（1）运行中的电流互感器二次绕组开路，可能会在二次侧产生高电压，应尽可能停电处理；若不能停电，则应设法转移或降低一次电流。

（2）若因二次回路中螺杆松动造成二次开路，应尽可能降低一次负载电流，采取必要的安全措施（有监护人监护，操作者注意身体与带电体的安全距离，戴绝缘手套，使用基本绝缘安全用具等）后，可以不停电处理。

（3）若是电流互感器二次绕组出线端口处开路，则人员不能靠近，必须在停电后才能处理。

（4）若发现电流互感器冒烟和着火，必须紧急停电，严禁靠近电流互感器。

## 124. 如何做好电流互感器的日常维护？

电流互感器的日常维护包括经常保持清洁，检查接地是否良好，检查瓷质部分是否完整、无缺损，检查各接头是否无发热、松动现象。如果是油浸式电流互感器，应查看油面油色是否正常，有无渗油、漏油现象。运行中的电流互感器检查内容如下：

（1）电流互感器一次引线接头接触是否良好，有无接触不良、过热现象。

（2）引线及二次回路各连接部分是否接触良好，有无松动。

（3）绝缘套管有无裂纹、破损和放电现象。

（4）油浸式电流互感器外观是否清洁，检查是否漏油、渗油，油位是否正常。

（5）从连接仪表的读数判断二次侧是否开路，接地线是否良好，有无松动或断裂。

（6）有无异常声响和气味。

（7）接线极性是否正确。

## 125. 为什么电缆线路停电后短时间内还有电？如何消除残余电荷？

电缆线路相当于一个电容器，当线路运行时被充电，当线路停电时，电缆芯线上积聚的电荷短时间内不能完全释放。通常，电缆长度越长，积聚的电荷越多。此时若用手触及电缆，则会使人触电。消除电缆剩余电荷的办法是用地线对地充分放电。

## 126. 什么是直流系统？直流系统在变电站中的作用是什么？

由蓄电池组和整流充电单元组成的直流供电系统，称为直流系统。直流系统为各种继电保护装置、自动装置、控制系统、信号装置等提供可靠的工作电源与操作电源，是变电站操作、控制、监控的中枢系统。直流系统主要由充电柜、馈线柜、蓄电池柜等组成，包含交流输入单元、充电单元、监控单元、电压调整单元、绝缘监测单元、直流馈线单元、蓄电池组、电池巡检单元等。

直流系统能在正常运行和事故状态下，为变电站内的控制系统、继电保护装置、信号装置、自动装置提供电源。直流系统作为独立的电源还可在全站停电的情况下作为应急备用电源，保障继电保护装置、自动装置、控制及信号装置等可靠工作，同时还可供给事故照明用电。直流系统应具有高度的可靠性和稳定性，其安全运行是保障变电站安全运行的决定条件之一。

## 127. 直流系统的日常巡视检查项目有哪些？

直流系统是变电站的中枢系统，其日常巡视检查项目如下：

（1）充电装置交流输入电压、直流输出电压、输出电流应正常，直流母线电压、蓄电池组的端电压、浮充电流应正常，蓄电池无过充或欠充现象。

（2）各表计指示正确，无声、光报警信号，运行声音无异常。

（3）微机监控装置显示的各参数、工作状态正确，与各装置及后台通信正常。

（4）直流绝缘监测仪无异常报警。

（5）蓄电池组外观清洁，无短路、接地。蓄电池各连接片连接牢靠无松动，端子无锈蚀。

（6）蓄电池外壳无裂纹、漏液，安全阀无堵塞，密封良好，安全阀周围无溢出酸液痕迹。

（7）蓄电池温度正常，无异常发热现象。

（8）蓄电池巡检装置工作正常，单体蓄电池显示电压数据正确。

（9）蓄电池室温在 10~30 ℃，通风、照明及消防设备完好，无易燃、易爆物品。

（10）各直流馈线回路的运行监视信号完好、指示正常，熔断器无熔断，直流空气开关位置正确。

## 128. 电容器在运行中容易发生哪些异常现象?

（1）外壳鼓肚。可能原因是运行电压过高，电容器本身质量低，周围环境温度高。当电容器内的油因高温膨胀所产生的压力超出了电容器油箱所能承受的压力时，外壳将膨胀、鼓肚，甚至出现裂纹、漏油现象。

（2）套管及油箱渗漏油。制造缺陷，安装或检修时造成法兰或焊接处损伤，长期运行导致外壳锈蚀等可引起渗漏油。

（3）温升过高。可能原因是电容器布置过密，通风不良，环境温度高，介质老化、介损增加，过负荷，高次谐波电流影响等。

## 129. 运行中的电容器在什么情况下应立即停止运行?

（1）运行电压超过电容器额定电压的 1.1 倍时。

（2）运行电流超过电容器额定电流的 1.3 倍时，以及三相电流出现不平衡超过 5%以上时。

（3）电容器爆炸。

（4）电容器喷油或起火。

（5）电容器接头过热或熔化。

（6）电容器内部放电或有严重异常声响。

（7）电容器外壳异常膨胀。

（8）电容器组保护动作或熔断器熔断后。

（9）变电站全站停电或失压。

## 130. 电气设备有哪几种状态?

电气设备有 4 种状态，即运行状态、热备用状态、冷备用状态、检修状态。

（1）运行状态。运行状态指连接该设备的断路器、隔离开关均处于合闸接通位置，设备已带有标称电压，继电保护、自动装置及控制电源按运行状态投入。

（2）热备用状态。热备用状态指该电气设备已具备运行条件，连接该设备的隔离开关均在合闸位置，设备仅靠断路器断开，经一次合闸操作即可将设备投入运行状态的状态。在热备用状态，继电保护、自动装置及控制电源按运行状态投入。

（3）冷备用状态。冷备用状态指连接该设备的断路器、隔离开关均处于分闸位置，继电保护、自动装置及控制电源退出运行，连接该设备的各侧均无安全措施且未带有电压的状态。

（4）检修状态。检修状态指连接电气设备的各侧均有明显的断开点或可判断的断开点，设备有安全措施，需要检修的设备各侧已装设接地线或接地刀闸已合上的状态。

## 131. 对电气设备停电应遵守哪些规则？

（1）对检修设备停电，必须把有可能送电到待检修设备的线路开关或隔离开关全部断开，禁止在只经断路器断开电源的设备上工作，必须各方面至少有一个明显的断开点。

（2）做好防止误合闸措施，如在开关或闸刀的操作手柄上悬挂"禁止合闸，有人工作"的安全标识牌，必要时加锁；切断断路器和隔离开关的操作电源。

（3）与停电设备有关的变压器和电压互感器，必须从高、低两侧断开，防止向停电检修设备反送电。

## 132. 电气设备停电后验电是如何规定的?

（1）验电时，必须使用电压等级合适、试验合格、在有效期内的验电器，在检修设备进出线两侧分别进行验电。

（2）验电前，应先在有电设备上确认验电器良好；无法在有电设备上进行试验时，可用工频高压发生器等间接确认验电器良好。330 kV 及以上的电气设备可采用间接验电方法进行验电。

（3）高压验电应戴绝缘手套，人体与被验电设备的距离应符合有关安全距离要求，并设专人监护。

（4）验电应逐相进行。对架设在同一杆塔上的多层电力线路进行验电时，先验低压后验高压，先验下层后验上层，先验近侧后验远侧。

## 133. 检修停电设备时，为什么要装设接地线?

检修停电设备时，应在停电检修设备可能来电的各侧装设接地线，这是防止检修设备突然来电，进而危及检修人员人身安全的可靠安全措施。同时，设备断开后剩余电荷亦可因接地而放尽。

装、拆接地线时，应使用绝缘棒，戴绝缘手套。接地线应用多股软铜线，其截面不得小于 25 mm$^2$。严禁用缠绕的方法进行接地或短路。

## 134. 什么叫倒闸操作? 倒闸操作有哪些规定?

将电气设备由一种状态转变为另一种状态的过程称为倒闸，所进行的操作称为倒闸操作。

倒闸操作可以通过就地操作、遥控操作来完成。倒闸操作是一项复杂而重要的操作，操作正确与否直接关系操作人员的安全与设备的正常运行。倒闸操作的一般规定如下：

（1）倒闸操作必须根据值班调度员或值班负责人指令进行，受令人复诵无误后再执行。

（2）由操作人员填写倒闸操作票，操作票上应注明设备的双重名称，即设备名称和编号。每张操作票只能填写一个操作任务。

（3）倒闸操作必须由两人进行，其中对设备较熟悉者负责监护，另一人执行操作。

（4）高压操作应戴绝缘手套。操作室外设备时，还应穿绝缘靴。

（5）雷电天气时，不宜进行电气操作，不应就地进行电气操作。

（6）停电操作应按断开断路器、断开负荷侧隔离开关、断开电源侧隔离开关的顺序依次操作，送电操作应按合电源侧隔离开关、合负荷侧隔离开关、合断路器的顺序依次操作。严防带负荷拉合隔离开关。

（7）在倒闸操作过程中，若发现带负荷误拉、合隔离开关，则误拉的隔离开关不得再合上，误合的隔离开关不得再拉开。

（8）装卸高压熔断器，应戴护目镜和绝缘手套，必要时使用绝缘夹钳，并站在绝缘物或绝缘台上。

## 135. 填写倒闸操作票有哪些步骤？

操作票是操作前填写操作内容和操作顺序的规范化票式。倒闸操作票的填写步骤如下：

（1）发令人应在正式操作前下达操作预令，发令人下达操作预令应准确、清晰。

（2）值班负责人接受预令后，应指定操作人和监护人。操作人及监护人应了解操作目的和操作顺序，根据现场规程及设备运行状况，由操作人填写倒闸操作票。

（3）倒闸操作票采用附录格式，可手工填写，也可用计算机填写或自动生成。票面应清楚整洁，不得随意涂改。

（4）一张操作票只能填写一个操作任务。一个操作任务是指为了相同的操作目的而进行的一系列相互关联的操作过程。

（5）操作票应填写设备的双重名称，即设备名称和编号。

（6）操作票填写应使用正规的调度术语。

（7）下列项目应填入倒闸操作票内：

1）应拉合的设备（断路器、隔离开关、接地刀闸等）。

2）拉合设备（断路器、隔离开关、接地刀闸等）后，对设备状态的检查。

3）验电并装设接地线。

4）设备检修后合闸送电前，检查送电范围内接地刀闸（接地线）已全部拉开（拆除）。

5）进行停、送电操作时，检查断路器位置。

6）安装或拆除控制回路、电压回路的熔断器。

7）切换保护回路、自动装置及确认有无电压等。

8）在进行倒负荷或解、并列操作前后，检查相关电源运行及负荷分配情况。

9）与操作项目有关的元件位置或状态检查。

（8）倒闸操作票填写完成后，应经过操作票填写人自审、操作监护人初审、值班负责人复审，三审后的操作票经三人签字后生效，正式操作待调度员下令后执行。

## 136. 变电站倒闸操作包含哪些内容？倒闸操作中产生疑问时应如何处理？

变电站倒闸操作包括以下基本内容：

（1）线路的停、送电操作。

（2）变压器的停、送电操作。

（3）倒母线及母线停、送电操作。

（4）装设和拆除接地线（或合上和断开接地开关）的操作。

（5）站用电源的切换操作。

（6）继电保护及自动装置的投入、退出操作等。

倒闸操作中产生疑问时，应立即停止操作并向值班调度员或值班负责人报告，弄清问题后再进行操作。不准擅自更改操作票，不准随意解除闭锁装置。

## 137. 输电线路由哪几部分组成？

输电线路主要由导线、地线、绝缘子、金具、杆塔、基础和接地装置等构成。

（1）导线。导线是线路的主要部分，作用是传输电能。一般，110 kV 及以上高压线路采用分裂导线。

（2）地线。地线也称避雷线，作用是防止导线受到直接雷击。有时也会用光缆代替普通地线，双地线时，往往一根是普通地线，一根是光缆。

（3）绝缘子。绝缘子用来支承或悬挂导线，使之与杆塔绝缘，保障导线对地绝缘及相间相互绝缘。

（4）金具。金具主要用来连接导线和绝缘子串等，并把它们安装在杆塔上，根据用途的不同，还起接续、防护等作用。

（5）杆塔。杆塔用于支持导线、地线，使它们对地及相与相间保持一定的距离，按材质分为木制杆、混凝土杆（俗称水泥杆）、钢结构杆（俗称铁塔）。

（6）基础。基础用于保障杆塔的稳定，不因垂直荷重、水平荷重及断线张力而上拔、下沉或倾倒。铁塔的基础有4个，沿正方形分布（少数长方形分布），一般采用钢筋混凝土材质。

（7）接地装置。接地装置连接地线与大地，把雷电流迅速引入地下。一般使用 $\Phi10$、$\Phi12$ 的镀锌圆钢组成环绕杆塔基础的方框和向四周分散的射线。土壤电阻率较大时，还会加入石墨、降阻剂等材料。

# 138. 输电线路的杆塔主要有哪几类？特点和用途是什么？

杆塔有不同的分类方法，按其用途可分为直线型铁塔、耐张型铁塔、特殊型铁塔。

（1）直线型铁塔。直线型铁塔位于线路的直线地段，主要承受导线及避雷线的垂直荷重和水平风压荷重。直线型铁塔有很多种类，常见的有干字型、杯型、猫头型等（按形状划分）。

（2）耐张型铁塔。耐张型铁塔位于线路的直线、转角及进变电所终端等处，按功能分为以下3种：

1）直线耐张型铁塔。它的作用是将线路的直线部分分段及控制事故范围。在事故情况下，直线耐张型铁塔可承受断线拉力而不致扩展到相邻的耐张段。

2）转角型铁塔。转角型铁塔位于线路的转角处，具有耐张型铁塔共同的作用和特点。在正常情况下，转角型铁塔承受导线及避雷线向内角的合力。根据转角大小的不同，转角型铁塔一般分为J1、J2、J3（J1 为转角 30°，J2 为转角 60°，J3 为转角 90°）3 个型号。

3）终端型铁塔。终端型铁塔位于线路的起止点，同时允许线路转角。在正常情况下，它承受线路侧的架空线张力；在事故情况下，它承受架空线的断线张力。

（3）特殊型铁塔。特殊型铁塔包括用于跨越、换位、分支等特殊要求的铁塔。

1）跨越铁塔。当线路跨越河流、铁路、公路或其他电力线等障碍物时，常常需要较高的直线型或耐张型铁塔，一般以直线型铁塔较多。

2）换位铁塔。换位铁塔主要起导线换位作用，有直线换位塔和耐张换位塔两种。

3）分支铁塔。分支铁塔用于线路分支处，有直线分支和耐张分支两种。

## 139. 输电线路上的绝缘子主要有哪几种？更换绝缘子或在绝缘子串上作业时，对良好绝缘子的片数有什么要求？

（1）输电线路上的绝缘子按材质分为玻璃绝缘子、复合绝缘子、瓷质绝缘子。

1）玻璃绝缘子机械强度高，如果出现裂纹和发生电击穿，玻璃绝缘子将自行破裂成小碎块，俗称"自爆"。这一特性使得玻璃绝缘子在运行中无须进行"零值"检测。玻璃绝缘子自爆不会导致钢帽炸裂，可避免绝缘子掉串。耐张型铁塔的绝缘子串一般使用钢化玻璃绝缘子。

绝缘子在运行中老化、破损，当两端电位差接近零时，被称为零值绝缘子。一旦出现零值现象，说明绝缘子已击穿，电阻值为零，无法再起到绝缘作用，会严重影响电力安全运行。输电线路运行后，需要定期对绝缘子进行检测，再更换零值绝缘子，这种检测也称为"零值"检测。

2）复合绝缘子也称为合成绝缘子，体积小，重量轻，机械强度高，耐污闪能力强，但抗老化性能较弱，成本高。一般在大气污染程度相对较高的区域配置复合绝缘子。

3）瓷质绝缘子化学稳定性和热稳定性优良，抗老化能力强，但需要登塔逐片进行"零值"检测，花费很多人力、物力，因雷击、污秽闪络引起事故的概率大。早年间瓷质绝缘子多用于电线杆。

（2）各电压等级输电线路使用的绝缘子片数，应在干燥条件下有一定的安全裕度。绝缘子串中少量绝缘子损坏可能不会立即发生事故，但在带电更换绝缘子或在绝缘子上作业时，失效绝缘子超过一定数量是极不安全的。

良好绝缘子的片数，是指在某一电压等级下，绝缘子串在最大过电压下不发生干闪络，并有足够安全裕度的绝缘子片数。对良好绝缘子片数的规定如下：

1）对运行线路中的绝缘子测量其是否为零值或低值，以判断绝缘子是否丧失性能。一般，测量绝缘子表面分布电压，如果电压为0或低于标准值，说明该绝缘子为零值或低值绝缘子，需要进行更换。

2）检测不同电压等级的绝缘子串时，若同一串中剩余良好绝缘子片数不能满足正常运行电压的要求，应立即停止检测。

3）更换绝缘子或在绝缘子串上作业时，良好绝缘子片数不得少于表2-1的规定。

**表 2-1　　　　　　　　　良好绝缘子最少片数**

| 电压等级/kV | 35 | 63（66） | 110 | 220 | 330 | 500 |
|---|---|---|---|---|---|---|
| 片数 | 2 | 3 | 5 | 9 | 16 | 23 |

值得注意的是，表 2-1 提出了常规作业时良好绝缘子最少片数，但在实际工作中，应根据具体的工作情况，执行相应的规程规范。例如，同塔多回线路带电作业时，等电位作业人员沿耐张绝缘子串进出等电位时，人体短接绝缘子片数不得多于 4 片。耐张绝缘子串中扣除人体短接和不良绝缘子片数后，良好绝缘子最少片数应满足表 2-2 的规定。

**表 2-2　　　同塔多回线路带电作业时，等电位作业人员沿耐张绝缘子串进出等电位时良好绝缘子最少片数**

| 电压等级/kV | 单片绝缘子结构高度/mm | 良好绝缘子最少片数 | |
|---|---|---|---|
| | | 海拔≤1 000 m | 1 000 m<海拔≤2 000 m |
| 110 | 146 | 5 | 7 |
| | 155 | 5 | 7 |
| | 170 | 5 | 6 |
| 220 | 146 | 9 | 11 |
| | 155 | 9 | 10 |
| | 170 | 8 | 9 |
| 330 | 146 | 16 | 18 |
| | 155 | 15 | 17 |
| | 170 | 14 | 15 |
| 500 | 155 | 23 | 26 |
| | 170 | 21 | 24 |
| | 195 | 19 | 21 |
| | 205 | 18 | 20 |

续表

| 电压等级/ kV | 单片绝缘子结构高度/ mm | 良好绝缘子最少片数 | |
|---|---|---|---|
| | | 海拔≤1 000 m | 1 000 m<海拔≤2 000 m |
| 750 | 170 | 36 | 40 |
| | 195 | 32 | 35 |
| | 205 | 30 | 33 |
| 1 000 | 170 | 40 | 44 |
| | 195 | 35 | 38 |
| | 205 | 33 | 37 |

# 140. 什么是绝缘子冰闪？如何防范绝缘子冰闪？

雨雪天气，绝缘子串积雪或结冰后，可能导致绝缘子串上的各个绝缘子被冰桥接，特别是悬垂串型的绝缘子，顶部绝缘子的冰雪融化后，水顺着绝缘子串往下流，容易形成贯穿整串绝缘子的冰柱或水膜，这种现象称为绝缘子冰闪，如图 2-5 所示。

图 2-5　绝缘子冰闪

冰闪会导致绝缘子串有效距离大幅度减小，耐受电压大幅度降低，而融冰时又会形成表面导电水膜。这些情况导致绝缘子串泄漏电流增大，研究表明，当泄漏电流达到 180 mA 左右时，就可能由局部弧光放电发展为闪络，严重时可能造成跳闸、停电事故。

针对冰闪危害，在线路的设计阶段，应尽量避免选择重冰区的路径，避免在风道、山阴或水库附近设置杆塔。如无法避免，则避免采用悬垂 I 形串绝缘子，宜采用 V 形、八字形串绝缘子或大小伞插花的 I 形串绝缘子、防覆冰复合绝缘子等。

在运行维护阶段，防范冰闪的措施主要如下：

（1）在绝缘子表面喷涂 RTV 材料。RTV 材料是室温硫化硅橡胶的简称，属于新型的高分子材料，具有极小的表面张力，水体附着在其表面将迅速凝聚为水珠，进而滚落。

（2）停电清扫绝缘子，注意配合输电线路的年度停电计划。在线路停电后，可用干净的干布、湿布或蘸有汽油（或浸肥皂水）的布将绝缘子擦干净。

（3）带电水冲洗，即采用高速水柱来清洗绝缘子。带电水冲洗对交通路况、设备、水柱的冲击力、绝缘性能等有很多要求，以确保清洗效果和人身、设备的安全，所以一般不采用。

（4）定期检测和及时更换不良绝缘子。定期对绝缘子串进行绝缘检测和外观检查，及时更换不良绝缘子和零值绝缘子。

## 141. 什么是分裂导线？分裂导线有什么作用？

分裂导线是将每相导线分为 2~8 根截面较小的导线，分导线间相距 0.2~0.5 m，如图 2-6 所示。分裂导线主要应用于 220 kV 及以上电压的线路上。一般情况下，220 kV 电压导线为 2 分裂，500 kV

电压导线为 4 分裂，750 kV、800 kV 电压导线为 6 分裂，1 000 kV 电压导线为 8 分裂。

图 2-6　分裂导线

分裂导线的作用主要是提高线路的输电能力，降低成本和提高稳定性，具体如下：

（1）使用分裂导线可提高线路的输电能力。采用分裂导线相当于增大了导线的直径，因此输电线路的电容增大，电感减小，使输电线路的波阻抗减小，自然功率增大。相比总截面相同的大导线，分裂导线提高了线路送电容量，减小了电量损耗和对无线电等的干扰。

（2）限制电晕的产生及其带来的相关危害。人们在 500 kV 及以上输电线路下方经过时，常能听到"啪啪"的放电声，在夜间能看到导线周围笼罩着一层绿色的光晕（电晕），即电晕现象。电晕会损耗输电功率，产生电磁辐射，从而干扰无线电台、导航设备的信号。此外，电晕还会使导线表面产生电腐蚀，降低输电线路的使用寿命。电晕的产生主要取决于导线表面电场强度的大小，研究表明，采用分裂导线可显著降低导线表面的场强。

（3）使用分裂导线能提高输电的经济效益。采用分裂导线技术不仅能有效地减小电晕损耗，而且在电晕条件相同的电场强度下，分裂导线允许在超高压输电线路上使用更小截面的导线，减少线路的回路数和线路走廊占地面积，进而降低输电成本。

（4）提高超高压输电线路的可靠性。超高压输电线路的稳定性要求很高，而它所经过地区的地表条件和气候往往很复杂。如果采用单根导线，若它某处存在缺陷，引起问题的概率较大。相反，多根导线在同一位置都出现缺陷的可能性很小，所以应用分裂导线可以提高线路的稳定性。此外，对于运行维护人员来说，在分裂导线上行走比在单根导线上容易得多，也更安全。

## 142. 什么是同塔多回线路？同塔多回线路带电作业时，等电位作业人员与相邻导线的最小距离有什么要求？

同塔多回线路是指两回及以上架设在同一杆塔上的线路，包括不同电压等级共杆塔的线路。

同塔多回线路的最大优点是节省线路走廊，因此多用于人口密集的城市内，以及发电厂、变电所出口处。此外，同塔多回线路可以提高输送容量，降低线路造价，与分别建设多条线路比，基础、铁塔材料和施工费用都能大幅降低。同塔多回线路的主要缺点是导线对地距离加大，防雷性能变差，相序换位困难，铁塔荷载大等，且一旦发生倒塔、断线等事故，所产生的影响会更大，给停电检修和带电作业带来不便。

同塔多回线路带电作业时，等电位作业人员与相邻导线的最小距离要求见表2-3。

**表 2-3**  **等电位作业人员与相邻导线的最小距离**

| 电压等级/kV | 等电位作业人员与相邻导线的最小距离/m | |
| --- | --- | --- |
| | 海拔≤1 000 m | 1 000 m<海拔≤2 000 m |
| 110 | 1.4 | 1.5 |
| 220 | 2.5 | 2.9 |
| 330 | 3.5 | 4.1 |
| 500 | 5.0 | 5.2 |
| 750 | 7.0 | 7.2 |

注：表中数值不包括人体占位间隙，作业中人体占位间隙不得小于 0.5 m。

## 143. 输电线路杆塔接地装置埋设的深度、安装后接地电阻值与土壤电阻率三者之间有什么关系？

输电线路杆塔接地装置埋设的深度不得小于设计图样规定的深度，因为深度不足会导致接地电阻值超过设计值，杆塔的防雷效果就会降低。而不同地区对埋设深度的要求或不相同，是因为不同区域的土壤电阻率有差异。土壤电阻率低的地区，接地装置埋设深度要求更深，因为加大埋设深度才能保障安装后接地电阻值符合要求，反之亦然。

接地是将电力系统或建筑物电气装置、设施、过电压保护装置用接地线与接地极连接。输电线路的接地，就是将输电线路和电气设备的相关部分与大地直接相连。

接地装置是接地极和接地线的总称。接地极是埋入地中并直接与大地接触的金属导体，分为水平接地极和垂直接地极。水平接地极即水平埋设的接地体，垂直打入土壤的接地体即垂直接地体。绝大多数接地装置采用的是水平接地体。

　　土壤电阻率是单位长度土壤电阻的平均值。因此，土壤电阻率、接地装置埋设深度及接地电阻的要求是相关联的，应符合表2-4的要求。

表2-4　　　土壤电阻率与接地装置埋设深度及接地电阻取值

| 土壤电阻率 $\rho$/($\Omega \cdot m$) | $\rho \leqslant 100$ | $100 < \rho \leqslant 500$ | $500 < \rho \leqslant 1\,000$ | $1\,000 < \rho \leqslant 2\,000$ | $\rho > 2\,000$ |
|---|---|---|---|---|---|
| 埋设深度/m | 自然接地 | $\geqslant 0.6$ | $\geqslant 0.5$ | $\geqslant 0.5$ | $\geqslant 0.3$ |
| 接地电阻/$\Omega$ | $\leqslant 10$ | $\leqslant 15$ | $\leqslant 20$ | $\leqslant 25$ | $\leqslant 30$ |

　　在施工、运行维护时，测量的接地电阻值是工作频率电流流过时的电阻，即工频接地电阻（区别于雷电冲击电流流过时的电阻——冲击接地电阻）。接地电阻是接地阻扰的实部，工频时为工频接地电阻。接地阻抗是在给定频率下，系统、装置或设备的给定点与参考点之间的阻抗。

　　此外，还应考虑季节因素，即电阻测量仪测得的电阻值还应乘以季节系数，最终的数值应不大于设计的电阻值。杆塔接地装置的季节系数根据埋深和土壤湿度取值，具体见表2-5。

表2-5　　　　　　　　接地装置的季节系数

| 接地装置埋深/m | 季节系数 |
|---|---|
| 0.6 | 1.4~1.8 |
| 0.8~1.0 | 1.25~1.45 |

　　注：检测接地装置工频接地电阻时，如土壤较干燥，季节系数取较小值；如土壤较潮湿，季节系数取较大值。

## 144. 杆塔接地装置的安装有哪些要求？

　　杆塔的接地装置直接影响杆塔的防雷效果，因此是竣工验收和运行维护的重要检查项目。接地装置的埋设属于隐蔽工程（隐蔽工程是指在施工期间将建筑材料或构配件埋于物体之中后，外表被覆盖而看不见的实物），安装后不易被发现、检测，因此，需要在施工安装阶段严格要求。接地装置安装要求主要如下：

（1）居民区和水田中的接地装置，宜围绕杆塔基础敷设成闭合环形。

（2）对于室外山区等特殊地形，接地装置应按设计图敷设，受地质地形条件限制时可做局部修改。作为竣工资料，应在施工质量验收记录中绘制接地装置实际敷设简图并标示相对位置和尺寸。原设计为方形等封闭环形时，应按设计施工。

（3）在山坡等倾斜地形敷设水平接地极时，宜沿等高线开挖，接地沟底面应平整，沟深不得有负误差，回填土时应清除影响接地极与土壤接触的杂物并夯实。水平接地极敷设应平直。

（4）接地线与杆塔的连接应可靠且接触良好，接地极的焊接长度应符合规定，并应便于打开测量接地电阻。

（5）架空线路杆塔的每一塔腿都应与接地线连接，并应通过多点接地。

（6）架空线路杆塔架空地线引入变电站应采用并沟线夹与变电站接地网可靠连接，不得绑扎绝缘子两侧的放电间隙。

（7）混凝土杆塔宜通过架空地线直接引下接地线，也可通过金属爬梯接地。当接地线从架空地线直接引下时，接地线应紧靠杆身，并应每隔不大于 2 m 的距离与杆身固定一次。

（8）对于预应力钢筋混凝土杆塔地线的接地线，应用明线与接地极连接并设置便于打开测量接地电阻的断开接点。

## 145. 什么是架空输电线路的档距、水平档距、垂直档距、耐张段距、代表档距？

在线路的设计、施工、运行阶段，档距相关参数有很多，在使用时需要注意区分。例如，在导线安装时，各档导线的弧垂不尽相同，需要单独计算，如在计算时分不清代表档距和档距、水平档距，计算出错将导致安装偏差，导线应力不平衡又会造成绝缘子串倾斜甚至发生跑线事故。因此，需要识别各种档距，正确调用。

（1）档距。两座相邻杆塔导线悬点间（或杆塔轴线间）的水平距离，称为这两座杆塔的档距。

（2）水平档距。两相邻档距的平均值，称为水平档距。在计算杆塔水平荷重时，应用水平档距进行计算。

（3）垂直档距。两相邻档距中导线弛度最低点间的水平距离，称为垂直档距。在计算杆塔垂直荷重时，应用垂直档距进行计算。

（4）耐张段距。线路正常运行时承受水平拉力的两相邻承力杆塔中心间的水平距离，称为耐张段距。一个耐张段距可能由一个档距或多个档距组成，用于累计线路长度和计算代表档距。

（5）代表档距。代表档距又称规律档距。在具有若干悬垂绝缘子串的直线杆塔的连续档的耐张段中，各档导线水平应力是按同一值架设的。但当气象条件变化时，由于各档的档距线长及高差不一定相同，各档的应力变化就不完全相同，从而使直线杆塔上出现不平衡张力差，使悬垂绝缘子串产生偏斜，偏斜结果则又使各档应力趋于基本相同的某一数值。通常将这个应力称为耐张段内的代表应力，其值是用耐张段内的代表档距代入导线状态方程式中求出的。能够代表这种水平应力变化的悬挂点等高的孤立档的档距，称为该耐张段的代表档距。

# 146. 什么是地电位带电作业? 进行地电位带电作业时，人与带电体间的安全距离有什么要求?

地电位带电作业（见图2-7）是指作业人员在接地构件上采用绝缘工具对带电体开展的作业。作业人员的人体电位为地电位。

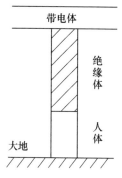

图2-7　地电位带电作业

进行地电位带电作业时，人身与带电体的安全距离不得小于表2-6的规定。

表2-6　　　　地电位带电作业时人身与带电体的安全距离

| 电压等级/kV | 10 | 35 | 63 (66) | 110 | 220 | 330 | 500 |
|---|---|---|---|---|---|---|---|
| 安全距离/m | 0.4 | 0.6 | 0.7 | 1.0 | 1.8 (1.6)[①] | 2.6 | 3.6[②] |

注：①因受设备限制达不到1.8 m时，经厂主管生产领导批准，并采取必要的措施后，可采用括号内的数值（1.6 m）。

②由于500 kV带电作业经验不多，此数据为暂定数据。

# 147. 什么是等电位带电作业?

等电位带电作业是指作业人员对大地绝缘后，人体与带电体处于同一电位时进行的作业，如图 2-8 所示。

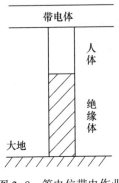

图 2-8 等电位带电作业

## 148. 无人机巡检架空输电线路的方式有几种？安全注意事项有哪些？

（1）无人机巡检的方式有单侧巡检、双侧巡检、上方巡检。

1）单侧巡检。宜采用单侧巡检的情形如下：

①对 500 kV 及以下电压等级的交、直流单回或同塔双回输电线路，当无人机传感器视场能够覆盖巡检目标且目标间无明显遮挡时，宜采用单侧巡检方式。

②较陡山坡线路区段采取单侧巡检方式，无人机应处于山坡、线路外侧。

③其他不宜开展双侧巡检工作的线路区段（如输电线路巡检一侧时，无人机长时间处于工厂、民房、公路、大桥或其他输电线路上方），仅在线路的可巡检侧采用单侧巡检方式。

2）双侧巡检。宜采用双侧巡检的情形如下：

①对 500 kV 及以下电压等级的交、直流同塔三回及以上输电线

路，及 500 kV 以上电压等级的交、直流输电线路，当无人机传感器视场无法覆盖巡检目标或目标间有明显遮挡无法区分时，应采用双侧巡检方式。

②对 500 kV 及以下电压等级的交、直流单回或同塔双回输电线路，有特殊巡检需求时宜采用双侧巡检方式。

3）上方巡检。采用固定翼无人机进行通道巡检时，宜采用上方巡检方式。采用上方巡检方式时，巡检高度一般至少为线路地线上方100 m。

（2）按巡检的对象可将无人机巡检分为杆塔巡检、档中巡检。

1）杆塔巡检安全注意事项如下：

①应采用旋翼无人机对杆塔进行巡检，不应采用固定翼无人机进行杆塔巡检。

②巡检作业时，大型无人机巡检系统距线路、设备空间距离应不小于 50 m，水平距离应不小于 30 m，距周边障碍物距离应不小于70 m；中型无人机巡检系统距线路、设备空间距离应不小于 30 m，水平距离应不小于 25 m，距周边障碍物距离应不小于 50 m。

③中、大型无人机在每基杆塔处低速或悬停巡检时间依照无人机具体性能参数及所携带传感器数据采集时间确定。

④小型无人机可根据实际需求调整悬停姿态及时间，一般情况下，无人机外缘与待巡检设备、部件的空间距离不宜小于 10 m，具体距离可根据无人机性能、线路电压等级和巡检经验调整。

⑤中、大型无人机不应在杆塔正上方悬停。

2）档中巡检安全注意事项如下：

①无人机飞行方向应与该档导地线方向平行。

②中、大型无人机与巡检侧边导线的水平距离应分别不小于

30 m、50 m。

③小型无人机与巡检侧边导线的水平距离一般不宜小于 10 m，具体距离可根据无人机性能、线路电压等级和巡检经验调整。

## 149. 线路巡检时，设备巡视检查的要求和内容是什么？

运行线路设备的巡视检查项目较多，因此一段线路往往由固定的巡检班巡检，以便熟悉路况、设备情况，提高巡检的效率。

（1）设备巡视检查的要求如下：

1）设备巡视检查应沿线路逐基逐档进行，不应出现漏点（段），巡视检查对象包括线路本体和附属设施。

2）根据实际需要，线路上部巡视检查的重点是对导地线、绝缘子、金具、附属设施的完好情况进行全面检查。

（2）设备巡视检查的内容可参照表 2-7 执行。

表 2-7　　　　　　　　　设备巡视检查的内容

| 巡视检查的对象 | | 巡视检查的内容 |
| --- | --- | --- |
| 线路本体 | 地基与基面 | 有无回填土下沉或缺土、水淹、冻胀、堆积杂物等 |
| | 杆塔基础 | 有无破损、疏松、裂纹、露筋、基础下沉、保护帽破损、边坡保护不够等 |
| | 杆塔 | 有无杆塔倾斜，主材弯曲，塔材缺失、严重锈蚀，地线支架变形，螺栓松动、丢失，脚钉缺失，爬梯变形，土埋塔脚，基础上拔，混凝土杆未封杆顶、老化、破损、裂纹等 |
| | 接地装置 | 有无断裂、严重锈蚀、螺栓松脱、接地带丢失、接地带外露、接地带连接部位有雷电烧痕等 |
| | 拉线及基础 | 有无拉线金具等被拆卸，拉线棒严重锈蚀或蚀损，拉线松弛、断股、严重锈蚀，基础回填土下沉或缺土等 |

| 巡视检查的对象 | | 巡视检查的内容 |
|---|---|---|
| 线路本体 | 绝缘子 | 有无伞裙破损、严重污秽、放电痕迹，弹簧销缺损，钢帽裂纹、断裂，钢脚严重锈蚀或蚀损，防污闪涂料涂层厚度不满足规定值，防污闪涂料涂层龟裂、起皮、脱落或憎水性丧失，绝缘子串顺线路方向的偏斜角或最大偏移值超出规定值，直流线路绝缘子锌套腐蚀等 |
| | 导线、地线、引流线、屏蔽线、OPGW（光纤复合架空地线） | 有无散股、断股、损伤、断线、放电烧伤、导线接头部位过热、悬挂飘浮物、弧垂过大或过小、严重锈蚀、出现电晕现象、导线缠绕（混线）、覆冰、舞动、风偏过大、与交叉跨越物距离不够等 |
| | 线路金具 | 有无线夹断裂、出现裂纹、磨损、销钉脱落或严重锈蚀，大截面导线接续金具变形、膨胀，招弧角、均压环、屏蔽环烧伤、脱落、螺栓松动，防振锤位移、脱落、严重锈蚀，阻尼线变形、烧伤，间隔棒松脱、变形或离位，各种连板、连接环、调整板损伤、出现裂纹等 |
| 附属设施 | 防雷装置 | 有无避雷器动作异常，计数器失效、破损、变形、引线松脱，放电间隙变化、烧伤等 |
| | 防鸟装置 | 有无破损、变形、螺栓松脱、失效等 |
| | 防舞防冰装置 | 有无缺失、损坏等 |
| | 各种监测装置 | 有无缺失、损坏、失效等 |
| | 警告、防护、指示、相位等标志 | 有无缺失、损坏、字迹或颜色不清、严重锈蚀等 |
| | 航空警示器材 | 高塔警示灯、跨江线彩球等有无缺失、损坏、失灵 |

## 150. 线路巡检时，通道环境巡视检查的要求和内容是什么？

线路的通道是指输电线路通过的狭长地带，又称输电线路走廊。

（1）通道环境巡视检查的要求如下：

1）应对线路通道、周边环境、沿线交跨、施工作业等情况进行检查，及时发现和掌握通道环境的动态变化情况。

2）在确保对线路设备巡视检查到位的基础上，宜适当增加通道环境巡视检查次数，根据通道性质、地理环境条件、气象条件等实际情况，对通道环境上的各类隐患或危险点安排定点检查。

3）应加强重要交跨巡视检查，及时掌握交跨通道内环境变化及交叉跨越详细状况。

（2）通道环境巡视检查的内容可参照表2-8执行。

表2-8　　　　　　　　　通道环境巡视检查的内容

| 巡视检查的对象 | 巡视检查的内容 |
| --- | --- |
| 基础附近堆土、取土 | 杆塔基础附近是否有堆土、取土等事故隐患 |
| 建（构）筑物 | 有无违章建筑，导线与建筑物的安全距离是否不足等。线路通道附近的塑料大棚、彩钢板顶建筑等易引发事故 |
| 树木（竹林） | 树木（竹林）与导线安全距离是否不足等 |
| 施工作业 | 线路下方或附近是否有危及线路安全的施工作业，如距线路中心约500 m区域内有施工、爆破、开山采石等 |
| 火灾及易燃易爆危险 | 线路附近是否有烧荒等烟火现象，是否有易燃易爆物堆积等 |
| 交叉跨越（邻近） | 是否出现新建或改建电力、通信线路，以及道路、铁路、轨道交通、索道、管道等 |
| 防洪、排水、基础保护设施 | 有无坍塌、淤堵、破损等 |

续表

| 巡视检查的对象 | 巡视检查的内容 |
|---|---|
| 自然灾害 | 有无地震、洪水、泥石流、山体滑坡等引起通道环境变化 |
| 道路、桥梁 | 有无巡线道、桥梁损坏等 |
| 污染源 | 是否出现新的污染源或污染加重 |
| 不良地质区 | 是否出现滑坡、裂缝、塌陷等情况 |
| 其他 | 线路附近是否有人放风筝、射击打靶，是否有危及线路安全的漂浮物，线路跨越鱼塘边有无警示牌，是否有藤蔓类植物攀附杆塔等 |

# 151. 什么是架空输电线路的特殊区段？

架空输电线路的特殊区段是指线路设计及运行中不同于其他常规区段，经特殊设计建设的线路区段。特殊区段包括大跨越、重要跨越、多雷区、重污区、重冰区、涉鸟故障区、外力破坏易发区、微地形、微气象区及不良地质区。

# 152. 架空输电线路的多雷区特殊区段有哪些运行要求？

多雷区特殊区段包含多雷区、强雷区。多雷区是指平均年雷暴日数超过 40 天/年但不超过 90 天/年的地区。强雷区是指平均年雷暴日数超过 90 天/年的地区。

（1）应按照线路的重要程度、走廊雷电活动强度、地形地貌及线路本体结构的不同，采取安装线路避雷器、降低杆塔接地电阻等差异化防雷措施，加强线路防雷保护。

（2）雷雨季节前，应做好防雷设施的检测和维修，落实各项防雷措施，同时做好雷电定位观测设备的检测、维护、调试工作，确保雷电监测预警系统正常运行。

（3）在雷雨季节，应加强对防雷设施各部件连接状况、防雷设备和观测设备动作情况的检测，并做雷电活动观测记录。

（4）应做好被雷击线路的检查，损坏的设备应及时更换、修补，发生闪络的绝缘子串的导线、地线线夹必须打开检查，必要时还应检查相邻档线夹及接地装置。

（5）结合雷电监测预警系统的数据，组织做好雷击故障分析，总结现有防雷设施效果，研究更有效的防雷措施，并加以实施。

## 153. 什么是架空输电线路保护区？

架空输电线路保护区是指导线边线向外侧水平延伸一定距离，并垂直于地面所形成的两平行面内的区域。

架空输电线路保护区内应控制新建建筑物、厂矿、植树及其他危及线路安全运行的生产活动。一般地区各电压等级导线的边线保护区范围见表2-9。

表 2-9　　　一般地区各电压等级导线的边线保护区范围

| 电压等级/kV | 边线外距离/m |
|---|---|
| 110（66） | 10 |
| 220～330 | 15 |
| 500 | 20 |
| 750 | 25 |
| 1 000 | 30 |
| ±400 | 20 |
| ±500 | 20 |
| ±660 | 25 |
| ±800 | 30 |
| ±1 100 | 40 |

# 154. 高压输电线路与地面的距离有哪些要求?

高压输电线路与地面的最小距离应符合要求，以避免对人、畜的伤害和设备事故隐患。高压输电线路与地面的距离主要在设计时控制，通过选择合理的路径、塔位和塔高等确保安全距离。这些距离一般情况下不会变化，但在线路巡视检查时，也应留意距离保持的情况，尤其是新建投运的线路、冰雨天气线路有覆冰现象时、大跨越档距、临近最小安全距离的跨越档、人员密集地区等。在这些情况下，导线弧垂或有一定的增大，或有搭设临时建筑等情况，需要留意垂直距离的变化。

在最大计算弧垂情况下，交流、直流输电线路与地面的最小距离分别见表 2-10 和表 2-11。

表 2-10     交流输电线路与地面的最小距离     m

| 地区类别 | 电压等级/kV | | | | | | |
|---|---|---|---|---|---|---|---|
| | 110 (66) | 220 | 330 | 500 | 750 | 1 000 | |
| | | | | | | 单回路 | 同塔双回路（逆相序） |
| 居民区 | 7.0 | 7.5 | 8.5 | 14.0 | 19.5 | 27.0 | 25.0 |
| 非居民区 | 6.0 | 6.5 | 7.5 | 11.0 (10.5) | 15.5 (13.7) | 22.0 (19.0) | 21.0 (18.0) |
| 交通困难地区 | 5.0 | 5.5 | 6.5 | 8.5 | 11.0 | 15.0 | |

注：①500 kV 线路对非居民区，11.0 m 用于导线水平排列的单回路，10.5 m 用于导线三角排列的单回路。

②750 kV 线路对非居民区，15.5 m 用于导线水平排列单回路的农业耕作区，13.7 m 用于导线水平排列单回路的非农业耕作区。

③1 000 kV 单回路对非居民区，22.0 m 用于农业耕作区，19.0 m 用于人烟稀少的非农业耕作区。1 000 kV 同塔双回路对非居民区，21.0 m 用于农业耕作区，18.0 m 用于人烟稀少的非农业耕作区。

④交通困难地区是指车辆、农业机械不能到达的地区。

表 2-11　　　　　　　直流输电线路与地面的最小距离　　　　　　　m

| 地区类别 | 电压等级/kV | | | | | |
|---|---|---|---|---|---|---|
| | ±400 | ±500 | ±660 | ±800 | | ±1 100 |
| | | | | 水平 V 串 | 水平 Ⅱ 串 | |
| 居民区 | 15.5 | 16.0 | 18.0 | 21.0 | 21.5 | 28.5 |
| 非居民区 | 12.0 | 12.5 (11.5)、9.5 | 16.0 (14.0) | 18.0 (16.0) | 18.5 (17.0) | 25.0 (22.0) |
| 交通困难地区 | — | 11.0 (10.0) | 14.0 | 16.0 | 17.0 | 21.0 |

注：① "—" 指此项不做要求。

②±500 kV 线路对非居民区，12.5 m 用于导线截面积小于 720 mm² 的农业耕作区，11.5 m 用于导线截面积大于等于 720 mm² 的农业耕作区，9.5 m 用于人烟稀少的非农业耕作区。

③±660 kV 线路对非居民区，16.0 m 用于农业耕作区，14.0 m 用于非农业耕作区。

④±800 kV 线路水平 V 串对非居民区，18.0 m 用于农业耕作区，16.0 m 用于人烟稀少的非农业耕作区。±800 kV 线路水平 Ⅱ 串对非居民区，18.5 m 用于农业耕作区，17.0 m 用于人烟稀少的非农业耕作区。

⑤±1 100 kV 线路对非居民区，25.0 m 用于农业耕作区，22.0 m 用于人烟稀少的非农业耕作区。

⑥±500 kV 线路对交通困难地区，11.0 m 用于导线截面积小于 720 mm² 的情况，10.0 m 用于导线截面积大于等于 720 mm² 的情况。

## 155. 对架空输电线路运行中的导地线、光缆检测的主要项目有哪些？对应的检测方法是什么？

随着运行时间增长，导地线、光缆会氧化锈蚀，线路上方或下方有新建线路跨越或穿越施工时，可能会磨损导地线、光缆导致局部断股，严重的甚至造成断线，因此运行时应对导地线、光缆进行检测。主要检测项目有导地线磨损、断股、严重锈蚀、放电烧伤、松股等情况。检测方法主要有人工检测法和仪器检测法。

（1）人工检测法。人工检测法主要通过线路巡视检查人员在日常巡视检查过程中利用目测或望远镜对导地线运行情况进行检测；利用停电检修的机会，打开部分导地线夹具，检查导地线的磨损情况，同时观测导地线表面锈蚀情况。

（2）仪器检测法。在高温大负荷运行时，利用红外热成像检测仪检测导地线温升情况或利用紫外成像检测仪检测导地线电晕放电情况，判断导地线局部是否有磨损、断股、连接松动、内层断股等缺陷。对运行时间较长的老旧线路，必要时可更换局部孤立档导地线进行拉力机械荷载试验和单丝表面锈蚀检测。

# 156. 什么是反事故措施？已经运行的输电线路有哪些反事故措施？

反事故措施简称"反措"，是指根据电网结构、运行方式、继电保护状况并考虑人员过失及恶劣气候所造成的系统事故而事先制定的防范对策和紧急处理办法。

反事故措施通过吸取以往事故的教训，采取预防措施，提前找出缺陷和隐患并及时处理。实践证明，通过加强日常运行和维护，可以有效降低事故的发生率。

已经运行的输电线路有很多反事故措施，主要如下：

（1）为防止输电线路跑线、倒塔引发交通事故，针对跨越铁路、高速公路的 110 kV 及以上输电线路，将跨越档的水泥杆、拉线塔更换为自立式铁塔。

（2）中、重冰区的 220 kV 及以上线路、110 kV 重要线路应具备融冰功能，且线路两侧均应配置融冰刀闸。固定式直流融冰装置所在变电站应配置覆盖所有需融冰的 110 kV 及以上线路融冰母线。

（3）对 220 kV 及以下采用拉线水泥杆的交流输电线路，组织对拉线运行情况开展排查，对锈蚀严重等不满足运行要求的拉线应予以更换。

## 157. 高海拔地区的地电位作业人员与带电体的最小电气安全距离是多少?

对于高海拔地区的输电线路，随着海拔高度的增加，空气密度下降，使得同等距离下的空气间隙放电电压明显低于低海拔地区，因此带电作业安全距离增加。高海拔地区的地电位作业人员与带电体的最小电气安全距离见表 2-12。

表 2-12 　　　高海拔地区的地电位作业人员与带电体的
最小电气安全距离

| 电压等级/kV | 最小电气安全距离/m | | | |
|---|---|---|---|---|
| | 1 000 m<海拔 ≤2 000 m | 2 000 m<海拔 ≤3 000 m | 3 000 m<海拔 ≤4 000 m | 4 000 m<海拔 ≤4 500 m |
| 110 | 1.1 | 1.2 | 1.3 | 1.4 |
| 220 | 2.1 | 2.3 | 2.5 | 2.7 |
| 330 | 3.0 | 3.3 | 3.6 | 3.9 |
| 500 | 3.8 | 4.2 | 4.6 | 5.0 |
| 750 | 5.6 | 6.0 | 6.5 | 6.9 |
| ±400 | 3.5 | 3.9 | 4.3 | 4.7 |

## 158. 线路巡视检查时有哪些基本的安全注意事项?

线路巡视检查时，应遵循以下几点安全注意事项：

（1）单人巡线时，不应攀登杆塔。

（2）恶劣气象条件下巡线和事故巡线时，应依据实际情况配备必要的防护用具、自救器具和药品。

（3）夜间巡线应沿线路外侧进行。

（4）大风时，巡线宜沿线路上风侧进行。

（5）事故巡线时，应始终认为线路带电。

## 159. 线路运行维护的测量工作有哪些安全注意事项?

运行中的线路已经带电，因此测量工作必须预防电击伤害，安全注意事项主要有以下几点：

（1）测量杆塔、配电变压器和避雷器的接地电阻，可在线路和设备带电的情况下进行。解开或恢复配电变压器和避雷器的接地引线时，应戴绝缘手套。不应直接接触与地电位断开的接地引线。

（2）用钳形电流表测量线路或配电变压器低压侧的电流时，不应触及其他带电部分。

（3）测量设备绝缘电阻时，应将被测量设备各侧断开，验明无电压，确认设备上无人，方可进行。在测量中，不应让他人接近被测量设备。测量前后，应将被测量设备对地放电。

（4）测量线路绝缘电阻时，若有感应电压，应将相关线路同时停电，取得许可，通知对侧后方可进行。

（5）测量带电线路导线的垂直距离（导线弧度、交叉跨越距离），可用测量仪或使用绝缘测量工具，不应使用皮尺、普通绳索、线尺等非绝缘工具。

## 160. 线路运行维护时，如需进行基坑开挖作业，有哪些基本的安全注意事项?

线路运行维护工作有时会涉及基坑开挖作业，如线路改造、事故

125

隐患处理等。因此，需要掌握基坑开挖的安全注意事项，主要有以下几点：

（1）挖坑前，应确认地下设施的确切位置，采取防护措施。

（2）在基坑内作业时，应防止物体回落坑内，并采取临边防护措施。

（3）在土质松软处挖坑，应采取加挡板、撑木等防止塌方的措施，不应由下部掏挖土层。

（4）在可能存在有毒有害气体的场所挖坑时，应采取防毒措施。

（5）居民区及交通道路附近开挖的基坑，应设坑盖或可靠遮栏，加挂警示牌，夜间可设置警示光源。

## 161. 线路运行维护时，如需在杆塔上作业，有哪些基本的安全注意事项？

线路运行维护时，经常需要在杆塔上作业，如线路改造、更换绝缘子或防振锤等。在杆塔上作业的安全注意事项主要如下：

（1）攀登杆塔前，应检查杆根、基础和拉线是否牢固，检查脚扣、安全带、脚钉、爬梯等登高工具、设施是否完整牢固。上横担前，应检查横担是否牢固，检查时安全带应系在主杆或牢固的构件上。

（2）新立杆塔在杆基未完全牢固或做好拉线前，不应攀登。

（3）不应利用绳索、拉线上下杆塔或顺杆下滑。

（4）攀登有覆冰、积雪的杆塔时，应采取防滑措施。

（5）在杆塔上移位及在杆塔上作业时，不应失去安全保护。

（6）在导线、地线上作业时，应采取防止坠落的后备保护措施。在相分裂导线上作业时，安全带可挂在一根子导线上，后备保护绳应挂在整组相导线上。

（7）不得单独作业，现场应有监护人员。

## 162. 线路运行维护时，如需进行放线、紧线、撤线作业，有哪些基本的安全注意事项？

线路运行维护时，如需进行放线、紧线、撤线作业，应特别注意安全。上述作业除了涉及杆塔上作业外，线路上方或下方往往有跨越物、被跨越物，这些跨越物、被跨越物可能是带电线路、通行（航）的交通线等，而且可能不止一处，因此涉及的安全防护对象较多，作业环境也较复杂。基本的安全注意事项如下：

（1）交叉跨越各种线路、铁路、公路、河流等放线、撤线时，应采取搭设跨越架、封航、封路等安全措施。

（2）放线、紧线前，应检查导线是否被障碍物挂住，导线与牵引绳应可靠连接，线盘架应安放稳固、转动灵活、制动可靠。

（3）紧线、撤线前，应检查拉线、桩锚及杆塔，确保位置正确、牢固。

（4）放线、紧线时，应检查接线管或接线头以及过滑轮、横担、树枝、房屋等处，确保无卡压现象。

（5）放线、紧线与撤线作业时，人员不得站在或跨在以下位置：

1）已受力的牵引绳上。

2）导线的内角侧。

3）展放的导（地）线。

4）钢丝绳圈内。

5）牵引绳或架空线的垂直下方。

（6）不应采用突然剪断导（地）线的方法松线。

（7）放线、撤线或紧线作业时，应采取措施防止导（地）线由于摆（跳）动或其他原因而与带电导线间的距离不符合表2-18的规定。

（8）同杆塔架设的多回线路或交叉档内，下层线路带电时，上层线路不应进行放、撤导（地）线作业。上层线路带电时，下层线路放、撤导（地）线应保持表2-13规定的安全距离，采取防止导（地）线产生跳动或过牵引而与带电导线接近至危险范围的措施。

表2-13　放线、撤线或紧线时导（地）线与带电导线间的最小距离

| 电压等级/kV | 安全距离/m |
| --- | --- |
| 10 及以下 | 1.0 |
| 20、35 | 2.5 |
| 66、110 | 3.0 |
| 220 | 4.0 |
| 330 | 5.0 |
| 500 | 6.0 |
| 750 | 9.0 |
| 1 000 | 10.5 |
| ±50 | 3.0 |
| ±500 | 7.8 |
| ±660 | 10.0 |
| ±800 | 11.1 |

# 第三部分　维修电工与建筑电工安全技术

## 163. 什么是低压电器？低压电器有哪些类型？

凡是根据外界特定的信号或要求，自动或手动接通和断开电路，断续或连续地改变电路参数，实现对外电路或非电现象的切换、控制、保护、检测和调节的电气设备均称为电器。根据工作电压的高低，电器可分为高压电器和低压电器。

根据《电工术语　低压电器》（GB/T 2900.18—2008），低压电器是用于交流 50 Hz（或 60 Hz）、额定电压为 1 000 V 及以下，直流额定电压为 1 500 V 及以下的电路中起通断、保护、控制或调节作用的电器。低压电器可以有不同的分类。

（1）按低压电器的用途和所控制的对象，可将低压电器分为低压配电电器和低压控制电器两类。

1）低压配电电器包括刀开关、组合开关、熔断器和断路器等，主要用于低压配电系统及动力设备中。

2）低压控制电器包括接触器、继电器、电磁铁等，主要用于电力拖动与自动控制系统中。

（2）按低压电器的动作方式，可将低压电器分为自动切换电器和非自动切换电器两类。

1）自动切换电器依靠电器本身参数的变化或外来信号的作用，自动完成接通或分断等，如接触器、继电器等。

2）非自动切换电器主要依靠外力直接操作来进行切换，如按钮、刀开关等。

（3）按低压电器的执行机构，可将低压电器分为有触点电器和无触点电器两类。

1）有触点电器具有可分离的动、静触点，利用触点的接触和分离来实现电路的通断控制。

2）无触点电器没有可分离的触点，主要利用半导体元器件的开关效应来实现电路的通断控制。

## 164. 常见低压电器产品型号及含义是什么？

低压电器产品型号一般由类组代号、设计代号、基本规格代号和辅助规格代号等几部分构成，其表示形式和含义如下：

$$\boxed{1}\ \boxed{2}\ \boxed{3}\ -\ \boxed{4}\ \boxed{5}\ /\ \boxed{6}\ \boxed{7}$$

（1）类组代号，包括类别代号和组别代号，用汉语拼音字母表示，最多用三位，代表低压电器所属的类别，以及在同类电器中所属的组别。例如，JR 表示热继电器，JS 表示时间继电器，JZ 表示中间继电器，RL 表示螺旋式熔断器等。

（2）设计代号，用数字表示，所用数字的位数不限。其中，两位及两位以上的，首位数 9 表示船用，8 表示防爆，7 表示纺织用，6 表示农用，5 表示化工用。设计代号表示同类低压电器的不同设计序列。

（3）特殊派生代号，用汉语拼音字母表示，一般用一位，表示全系列在特殊情况下变化的特征。一般不采用特殊派生代号。

（4）基本规格代号，用数字表示，位数不限，表示同一系列产品中不同的规格品种。

（5）派生代号，用汉语拼音字母表示，一般用一位，表示序列内个别的特征。

（6）辅助规格代号，用数字表示，位数不限，或用一位数字和一个大写英文字母表示，表示同一系列、同一规格产品中有某种区别的不同产品。

（7）特殊环境条件派生代号。

## 165. 低压电气系统常发生哪些电气故障？预防电气故障的安全保护措施有哪些？

低压电气系统常见的电气故障主要包括漏电、短路故障、负荷过大、接触电阻过大。有效预防电气故障的安全保护措施主要如下：

（1）防止接触带电部件。绝缘、屏护和安全间距是最常见的安全措施。

（2）防止电气设备漏电伤人。保护接地和保护接零是防止间接触电的基本技术措施。

（3）采用安全电压。

（4）采用漏电保护装置。

## 166. 哪些用电场所必须安装漏电保护器？漏电保护器在哪些故障情况下不动作？

（1）必须安装漏电保护器的设备和场所如下：

1）属于Ⅰ类的移动式电气设备及手持式电动工具。

2）安装在潮湿、强腐蚀性等环境恶劣场所的电气设备。

3）建筑施工工地的电气施工机械设备。

4）临时用电的电气设备。

5）宾馆、饭店及招待所客房内的插座回路。

6）机关、学校、企业、住宅建筑物内的插座回路。

7）游泳池、喷水池、浴池的水中照明设备。

8）安装在水中的供电线路和设备。

9）医院中直接接触人体的医用电气设备。

10）其他需要安装漏电保护器的场所。

（2）漏电保护器在以下故障情况下不动作：

1）在 TT 系统中，变压器中性点接地线断开，发生单相触电事故，漏电保护器不动作。

2）发生相零、相相触电时漏电保护器不动作。

## 167. 低压熔断器的原理是什么？低压熔断器的使用和维护注意事项有哪些？

低压熔断器是根据电流热效应的原理制作的，当通过熔断器的电流超过规定值时，经过一定的时间，电流产生的热量使熔体熔化而自动断开电路。熔断器是最简单的保护电器，它串联在电路中，作为电路和设备的过负荷保护和短路保护装置。使用和维护低压熔断器时，应注意以下几点：

（1）在单相线路的中性线上应装熔断器；在线路分支处应装熔断器；在二相三线或三相四线制回路的中性线上，不允许装熔断器；采用接零保护的零线上严禁装熔断器。

（2）正确选用熔体。熔体的额定电流应小于等于熔断器的额定电流。

（3）熔断器应垂直安装，保证插刀和刀夹座紧密接触，以免增大接触电阻，造成温度升高而误动作。

（4）螺旋式熔断器的下接线板的接线端应装在上方与电源相连，连接金属螺纹壳体的接线端应装于下方并与负载相连。

（5）更换熔体时必须断开电源，并使用与原来相同规格和材料的熔体，以保障安全和动作可靠。

（6）运行维护时，应检查熔断器插头接触是否良好，有无过热、变色、烧焦现象，熔管内部是否完好、有无烧损痕迹，熔断器的指示器是否跳出、显示熔断器已动作等。

## 168. 什么是低压断路器？低压断路器的使用和维护注意事项有哪些？

低压断路器是当电路中发生过载、短路和欠压等不正常情况时，能自动分断电路的保护电器，可用于不频繁启动电动机或接通、分断电路，是低压交、直流配电系统中最重要的保护电器之一。

低压断路器在使用和维护时，有以下注意事项：

（1）低压断路器应垂直于配电板安装，电源引线接到上端，负载引线接到下端。

（2）低压断路器用作电源总开关或电动机的控制开关时，在电源进线侧必须加装刀开关或熔断器等，以形成明显的断开点。

（3）低压断路器在使用前应将脱扣器工作面的防锈油脂擦干净。各脱扣器动作值一经调整好，不允许随意变动。

（4）在使用过程中若遇分断短路电流，应及时检查触头系统，若发现电灼烧痕迹，应及时修理或更换。

（5）应定期清除断路器上的积尘，并定期检查各脱扣器动作值，给操作机构添加润滑剂。

## 169. 什么是继电器？继电器有哪些类型？

继电器是根据输入信号（电量或非电量）的变化，接通或断开小电流电路，实现自动控制和保护电力拖动装置的电器。一般情况下，继电器不直接控制电流较大的主电路，而是通过接触器或其他电器对主电路进行控制。同接触器相比，继电器具有触头分断能力小、结构简单、体积小、重量轻、反应灵敏、动作准确、工作可靠等特点。

继电器的分类方法有多种，按输入信号的性质可分为电压继电器、电流继电器、速度继电器、压力继电器等，按工作原理可分为电磁式继电器、电动式继电器、感应式继电器、晶体管式继电器和热继电器等，按输出方式可分为有触点式和无触点式。

## 170. 电气图形符号的选用原则是什么？

电气图中元件、部件、组件、设备装置、线路等一般采用图形符号、文字符号和项目代号来表示。了解和熟悉这些符号的形式、内容、含义及它们之间的关系，是看懂电路图的基础。电气图形符号有4种基本形式，即符号要素、一般符号、限定符号和方框符号。在电气图中，一般符号和限定符号最为常用。在选用图形符号时，应遵守以下使用规则：

（1）图形符号的大小和方位可根据图面布置确定，但不应改变其含义，且符号中的文字和指示方向应符合读图要求。

（2）多数情况下，符号的含义由其形式决定，而符号的大小和图线的宽度一般不影响符号的含义。

（3）在满足需要的前提下，尽量采用最简单的形式。

（4）在同一张电气图样中只能选用一种图形形式，图形符号的大小和线条的粗细亦应基本一致。

（5）符号方位不是强制的。

（6）图形符号中一般没有端子符号。

（7）导线符号可以用不同宽度的线条表示，以突出或区分某些电路、连接线等。

（8）图形符号一般都画有引线。

（9）图形符号均是按无电压、无外力作用的正常状态表示的。

（10）图形符号中的文字、物理量符号，视为图形符号的组成部分。当这些符号不能满足需要时，可按有关标准加以充实。

# 171. 电气原理图由哪几部分组成?

电气原理图是将图形符号按电气设备的工作顺序排列，表明电气系统的基本组成、各元件间的连接方式、电气系统的工作原理及其作用，而不涉及电气设备和电器元件的结构及其实际位置的一种电气图。电气原理图有助于详细理解作用原理及分析电路特性和计算电路参数，与框图、接线图、印制板图等配合使用，可作为装配、调试和维修的依据。电气原理图是有关技术人员不可缺少的资料。

电气原理图由三大部分组成，即电源部分、负载部分、中间环节，或表述为由主电路、控制电路、保护电路、配电电路等几部分组成。

# 172. 什么是电气接线图?

电气接线图或接线表是反映电气系统或设备各部分连接关系的图

或表，专供电气工程人员安装接线和维修检查使用。接线图中所表示的各种仪表、电器及连接导线等，都是按照它们的实际图形、位置和连接形式绘制的，设备位置与实际布置一致。接线图只考虑元件的安装配线，而不明显地表示电气系统的动作原理和电气元器件之间的控制关系。电气接线图以接线方便、布线合理为目标，必须标明每条线所接的具体位置，每条线都应有具体明确的线号，标有相同线号的导线可以并接于一起；每个电气设备、装置和控制元件都应有明确的位置，将每个控制元件的不同部件画在一起，并且常用虚线框起来。例如，对于接触器，是将线圈、主触点、辅助触点绘制于一起并用虚线框起来。而在电气原理图中，将辅助触点绘制在辅助电路中，将主触点绘制在主电路中。对于较复杂的辅助电路，展开接线图的形式更为清楚、简洁，易于阅读。

## 173. 三相异步电动机控制线路安装步骤和要求是什么？

（1）三相异步电动机控制线路的安装步骤如下：

1）根据电气原理图绘制电气接线图。

2）按电气原理图及负载功率大小配齐电器元件，检查电器元件是否完好并符合要求。

3）固定电器元件。

4）按电气接线图顺序接线。

（2）三相异步电动机控制线路的安装要求如下：

1）电器元件应固定牢固、排列整齐，防止外壳压裂损坏。

2）按电气接线图确定的走线方向布线，可先布主回路线，也可先布控制回路线。对于明敷导线，应尽量避免交叉，做到横平竖直，敷设时不得损伤导线绝缘和线芯。从一个接线柱到另一个接线柱的导线必须是连续的，中间不能有接头。接线时，接线柱垫片为圆环形时，导线的导体按顺时针方向打圈压在垫片下；若为"瓦片式"垫片，连接导线只需去掉绝缘层，将导体部分插入垫片紧固即可。

3）主回路和控制回路的线路套管必须齐全，每一根导线的两端都必须套上编码管。在遇到6和9这类倒顺都能读数的号码时，必须做记号区别。

4）电动机及按钮的金属外壳必须可靠接地。

5）所有电器上的空余螺钉一律拧紧。

## 174. 电动机控制线路布线安装工艺有什么规定?

电动机控制线路在板前布线、板后网式布线、塑料槽板布线和线束布线等方面的安装工艺有相关规定。

（1）板前布线安装工艺规定如下：

1）布线前绘出电气控制设备及电器元件布置图与电气接线图。

2）在控制板上依据布置图安装元件并按电气原理图上的符号，在各电器元件醒目处贴上符号标识。

3）所有的控制开关、控制设备和各种保护电器都应垂直安装或放置。

（2）板后网式布线安装工艺规定如下：

1）复杂的电气控制板（箱）可采用板后布线方式，一般采用专用的绝缘穿线板，将导线由板后穿到板前，接到电气控制设备及电器元件的接线柱上。

2）板后布线采用网式布线，根据两个接线柱的位置以自由方式走线，只要求导线拉直即可。

3）从板后穿到板前部分的导线，要求走线横平竖直，弯成直角。导线设计要求软线或单股硬线均可。

4）接头、接点工艺处理按板前布线安装的要求进行。

（3）塑料槽板布线安装工艺规定如下：

1）较复杂的电气控制设备还可采用塑料槽板布线，槽板应安装在控制板上，与电气控制设备、电器元件位置横平竖直。

2）槽板拐弯的接合处应为直角，并应接合严密。

3）将主回路、控制回路导线自由布放到槽内，将导线端的线头从槽板侧孔穿出至电气控制设备、电器元件的线桩，布线完毕后将槽板扣上，槽板外的引线力求完美、整齐。

4）导线采用单股芯线或多股软线均可。

5）接头、接点工艺处理按板前布线安装的要求进行。

（4）线束布线安装工艺规定如下：

1）对于较复杂的电力拖动设备，按主回路、控制回路走线分别排成线束（俗称打把子线）。

2）线束中每根导线两端分别套上同一线路编号。

3）从线束中行至各接线柱，均应横平竖直，弯成直角，接头、接点工艺处理按板前布线安装的要求进行。

# 175. 电动机的启动方式主要有哪些?

电动机启动方式包括全压直接启动、自耦减压启动、Y-△启动、软启动器启动、变频器启动等。

（1）全压直接启动。在电网容量和负载都允许全压直接启动的情况下，可以考虑采用全压直接启动。优点是操纵控制方便，维护简单，而且比较经济。全压直接启动主要用于小功率电动机的启动。

（2）自耦减压启动。自耦减压启动利用自耦变压器的多抽头减压，既能适应不同负载启动的需要，又能得到更大的启动转矩，是一种经常被用来启动较大容量电动机的减压启动方式。

（3）Y-△启动。对于正常运行的定子绕组为三角形接法的鼠笼式异步电动机来说，如果在启动时将定子绕组接成星形，待启动完毕后再接成三角形，就可以降低启动电流，减轻对电网的冲击。Y-△启动适用于无载或者轻载启动的场合。

（4）软启动器启动。软启动器启动利用晶闸管的移相调压原理来实现电动机的调压启动，主要用于电动机的启动控制，启动效果好但成本高。

139

（5）变频器启动。变频器通过改变电网的频率来调节电动机的转速和转矩，是现代电动机控制领域技术含量最高、控制功能最全、效果最好的电动机控制装置。

# 176. 室内插座的作用和安装要求是什么？

插座是指有一个或一个以上电路接线可插入的座，通过线路与铜件之间的连接与断开，来实现该部分电路的接通与断开。室内插座的安装要求如下：

（1）插座的安装高度。根据需要，一般场所插座距地面高度应不低于 1 m，特殊场所如幼儿园、小学等距离地面应不低于 1.8 m。暗装插座距地面应不低于 0.15 m。暗装插座应有专用盒，落地插座应有保护盖板。同一场所安装的插座高度应尽量一致。

（2）明设的插座必须固定在绝缘板或干燥木板上，不允许用电线吊装。

（3）插座的导线连接。对单相两孔插座，面对插座的右极接相线，左极接工作地线；对单相三孔插座，面对插座的右极接相线，左极接工作地线，正上孔接保护接地线。另外，交流、直流电源或不同电压的插座安装在同一场所时，应有明显区别，且其插头与插座均不能互相插入。

## 177. 异步电动机的工作原理是什么？异步电动机启动前的安全注意事项有哪些？

三相异步电动机定子绕组加对称电压后，产生旋转气隙磁场，转子绕组导体切割该磁场产生感应电势。转子绕组处于短路状态时会产生转子电流，转子电流与气隙磁场相互作用就产生电磁转矩，从而驱动转子旋转。电动机的转速低于磁场同步转速，因为只有这样，转子导体才可以感应电势从而产生转子电流和电磁转矩，因此该电动机被称为异步电动机，也叫感应电动机。异步电动机启动前的安全注意事项主要有以下 3 点：

（1）合闸后应密切监视电动机有无异常。合闸后电动机若不转，必须立即拉闸断电，否则电动机可能在短时间内冒烟烧毁。拉闸后，检查电动机不转的原因，予以消除后重新投运。电动机转动后，注意它的噪声、振动及电压、电流表指示，若有异常应及时停机，判明原因并进行处理后再投运。

（2）电动机连续启动次数不能过多。电动机空载连续启动次数不能超过 3 次；经长时间工作，处于热状态下的电动机，连续启动次数不能超过 2 次，否则电动机将过热损坏。

（3）一台变压器同时为几台大容量的电动机供电时，应对各台电动机的启动时间和顺序进行安排，不能同时启动，应按容量从大到小的顺序逐台启动。

# 178. 异步电动机运行前的检查项目有哪些?异步电动机运行监视的项目一般有哪些?

异步电动机运行前的检查项目主要包括以下 4 项:

(1) 电动机绝缘电阻测定。

(2) 检查电源是否符合要求。

(3) 检查电动机的启动、保护设备是否满足要求。

(4) 检查电动机安装是否符合规定。

异步电动机运行监视项目主要包括以下 3 项:

(1) 电动机电流监视。

(2) 电动机温度和温升监视。

(3) 电动机运行中故障现象的监视。

# 179. 电气控制中的自锁和互锁指什么?

(1) 自锁。电气控制中的自锁是指利用交流接触器的辅助触点控制接触器本身吸合线圈的接通和断开,即按下启动按钮后电器动作,放开按钮后电器依然动作,不会因为按钮放开而复位。

(2) 互锁。电气控制中的互锁是为保障电器安全运行而设置的,主要由两个电器元件互相控制、互相制约形成。它实现的方式包括电气互锁、机械互锁和电气机械联动互锁。

1) 电气互锁是将一个继电器的常闭触点接入另一个继电器的线圈控制回路中,使得一个继电器得电动作的同时,另一个继电器线圈无法形成闭合回路,实现两个继电器的互相制约。

2) 机械互锁就是通过机械连杆互锁。例如,一根连杆连着两个接触器的动铁芯,一个接触器吸合/粘连时就把另一个铁芯顶住,使之即使通电也无法吸合，以防止相间短路。

3）电气机械联动互锁的应用场景有很多。以高压柜内的停电操作为例，当未断开断路器时，无法拉开隔离开关，进而无法合上接地刀闸，高压柜门便无法打开，可有效预防机械故障或人身伤害事故。

## 180. 安装三相笼型电动机有哪些步骤？

三相笼型电动机的安装包括搬运、安装和校正 3 个步骤。

（1）电动机的搬运。电动机搬运时应注意不要使电动机受到损伤，避免受潮，并注意安全。小型电动机可以用铁棒穿过电动机上部吊环，由人力搬运，也可将绳子拴在电动机吊环或底座上用杠棒搬运。大型电动机可用起重机械搬运，也可在电动机下垫排子，再在排子下塞入相同直径的金属管或圆木制成的滚杠，然后用铁棒或木棒撬动。

（2）电动机的安装。电动机应安装在干燥、通风良好、无腐蚀气体侵蚀的场所。为使电动机稳定运转，且不受潮气侵袭，电动机应装在高度为 100~150 mm 的底座上，并用地脚螺栓固定。安装时，电动机与水泥墩之间应垫衬一层质地坚韧的木板或硬胶皮等防振物；4 个紧固螺栓上均要套上弹簧垫圈，螺母按对角线交错次序逐步拧紧。

（3）电动机的校正。可用水平仪对电动机的安装位置进行水平校正，如有不平，可将 0.5~5 mm 厚的钢片垫在机座下来调整电动机的水平，直到符合要求为止。

此外，应特别注意电动机传动装置的安装与校正。电动机传动形式有皮带传动、齿轮传动和联轴器传动 3 种。

（1）皮带传动装置的安装与校正。电动机皮带轮的轴和被传动皮带轮的轴应保持平行，两皮带轮宽度的中心在同一直线上。

（2）齿轮传动装置的安装与校正。必须使电动机的轴与被传动机械的轴保持平行，两齿轮啮合合适，每对齿接触均匀。

（3）联轴器传动装置的安装与校正。两轴同心度应达到：对于轴向与径向允许误差，弹性连接的应不大于 0.05 mm，刚性连接的应不大于 0.02 mm。互相连接的靠背轮螺栓孔应一致，螺帽应有防松装置。两盘轴向间隙应在允许的偏差内。

## 181. 在电动机的控制电路中主要有哪些保护功能?

电动机的控制电路中采用了熔断器、热继电器和接触器，所以电路具有短路保护、过载保护、欠电压和失电压保护功能。

（1）短路保护。由两个熔断器分别实现主电路和控制电路的短路保护。熔断器通常安装在靠近电源端的电源开关的下方。

（2）过载保护。由热继电器实现电动机长期过载保护。热继电器的动断辅助触点串联在接触器线圈回路中，当电动机长期过载时，就会切断接触器线圈回路，使电动机停转。

（3）欠电压和失电压保护。由接触器本身的电磁机构实现欠电压和失电压保护。当电源电压欠电压或失电压时，接触器电磁吸力急剧下降或消失，衔铁自动释放，断开主触点和自锁触点，电动机停转。当电源电压恢复正常时不会自行启动运转，避免发生事故。

## 182. 异步电动机常采用的保护方法有几种?

异步电动机常采用的保护方法有短路保护、过载（过负荷）保护、缺相保护、失电压和欠电压（低电压）保护、接地或接零保护等。

（1）短路保护。当电动机发生短路故障时，应及时可靠地切断电动机的电源，否则过大的短路电流会很快烧毁电动机、线路及其他电气设备，造成重大损失。对于 500 V 以下的低压电动机，一般采用熔丝或断路器的电磁瞬时脱扣器进行保护。

（2）过载（过负荷）保护。对于电动机的过载电流，熔丝不一定能熔断，所以要设置切断过载电流的保护装置。通常采用热继电器或断路器的热脱扣器进行过载保护，亦称过负荷热保护。热继电器常和接触器、降压启动器或断路器等组装成过负荷热保护装置。

（3）缺相保护。三相异步电动机运行时，由于某种原因断一相而处于两相运行状态，称为断相运行或两相运行。常用的断相保护方法包括带断相保护装置的热继电器保护、欠电流继电器保护、零序电压继电器保护。

（4）失电压和欠电压（低电压）保护。失电压和欠电压（低电压）保护是为了防止电动机在过低的电压下运行而烧毁。它可以在电压过低或消失时，断开电动机，同时又可以防止电动机在电压恢复时自启动。失电压和欠电压保护常利用交流接触器的电磁机构、降压启动器或断路器上的失电压和欠电压脱扣器及电压继电器等进行保护。当电源电压降低到额定电压的 35%~70% 时，电磁铁会释放，欠电压脱扣器会动作而切断电源。

（5）接地或接零保护。当电动机外壳带电时，将威胁人身安全。因此，必须进行接地或接零保护。

## 183. 三相异步电动机为什么不允许低压运行？

三相异步电动机低压运行时主要有以下 4 个方面的危害：

（1）电压降低超过 10% 时，将使电动机电流增大，线圈温度升高，严重时可烧损电动机。

（2）在输送一定电力时，电压降低，电流相应增大，使线损增大。

（3）电压降低会使线路输送极限容量降低，因而降低电力系统的稳定性。电压过低可能发生电压崩溃事故，同时还会降低送、变电设备能力。

（4）如果电压降低超过5%，则发电机出力也要相应降低。

## 184. 什么是交流异步电动机的软启动？

电动机直接启动电流是额定电流的4~7倍，如果电动机的功率比较小，启动电流对电网的影响不大，允许电动机直接启动。一般情况下，电动机功率在7.5 kW以下是允许直接启动的。对于大型电动机，在启动的瞬间电流可以达到几百安，大电流对电网的冲击非常大，不允许直接启动，一般都要实行软启动。

电动机软启动即运用串接于电源与被控电动机之间的软启动器，控制其内部晶闸管的导通角，使电动机输入电压从零以预设函数关系逐渐上升，直至启动结束，赋予电动机全电压。在软启动过程中，电动机启动转矩逐渐增加，转速也逐渐增加。软启动一般可分为阶跃启动、脉冲冲击启动、斜坡恒流软启动、斜坡升压软启动。

## 185. 什么是可编程序控制器？可编程序控制器有哪些类型？

可编程序控制器简称PLC，它综合了集成电路、计算机技术、自动控制技术和通信技术，是一种新型的、通用的自动控制装置。国际电工委员会（IEC）对PLC的定义："可编程序控制器是一种数字运算操作的电子系统，专为在工业环境下的应用而设计，它采用了可编程序的存储器，用来在其内部存储执行逻辑运算、顺序控制、定时、计数和算术运算等操作的指令，并通过数字式或模拟式的输入输出，控制各种类型机械的生产过程。可编程序控制器及其有关外部设备，都按易于与工业系统连成一个整体，易于扩充其功能的原则设计。"

可编程序控制器产品种类繁多，其规格和性能也各不相同，通常按照其结构形式的不同、功能的差异和 I/O（输入/输出）点数的多少等进行大致分类。

（1）根据 PLC 的结构形式，可将 PLC 分为整体式和模块式两类。

（2）根据 PLC 所具有的功能不同，可将 PLC 分为低档、中档、高档 3 类。

（3）根据 PLC I/O 点数的多少，可将 PLC 分为小型、中型和大型 3 类。

## 186. PLC 有哪些组成部分？PLC 与外部电路是如何连接的？

PLC 的基本组成部分包括中央处理器（CPU）、存储器、输入/输出（I/O）接口、通信接口、扩展接口、电源等。CPU 是 PLC 的核心，I/O 接口是现场输入/输出设备与 PLC 之间的连接接口，通信接口用于与编程器、上位计算机等外部设备连接。I/O 接口有数字量（开关量）输入、输出和模拟量输入、输出两种形式。其中，开关量的输入、输出接口是与工业生产现场控制电器相连接的接口。

开关量的输入、输出接口采用光电隔离和 RC（电阻、电容）滤波，实现了 PLC 内部电路和外部电路的电气隔离，并减小了电磁干扰，同时满足工业现场各类信号的匹配需求。例如，开关量输入接口电路采用光电耦合电路，将限位开关、手动开关、编码器等现场输入设备的控制信号转换成 CPU 所能接受和处理的数字信号。输出接口电路是 PLC 与外部负载之间的一个桥梁，能够将 PLC 向外输出的信号转化成可以驱动外部电路的控制信号，以便控制如接触器线圈等的通断电。

## 187. 为什么 PLC 中软继电器的触点可无限次使用?

软继电器是 PLC 内部具有一定功能的元器件，实际上由电子电路和寄存器及存储器单元等组成。它们都具有继电器特性，但没有机械性的触点，是看不见、摸不着的。为了把这种元器件与传统继电控制系统中的继电器区别开来，把它们称为软继电器。

软继电器在 PLC 里实际上是一个位存储单元（映像寄存器），状态只有逻辑"0"和"1"，存储单元的状态取出多少次都不会影响存储单元本身。因此，在 PLC 程序里可以无数次使用存储单元的状态，每个软继电器可提供无限多个常开触点和常闭触点，可以无限次使用。

## 188. 如何区别继电控制系统与 PLC 控制系统?

继电控制系统与 PLC 控制系统在组成器件、触点数量、控制方法和工作方式等方面都存在区别。

（1）组成器件不同。继电控制系统由许多实际的硬件继电器构成。PLC 控制系统则由很多软继电器组成，这些软继电器实际上是存储单元的触发器。硬件继电器易磨损，而软继电器无磨损。

（2）触点数量不同。硬件继电器的触点数量有限，一般只有 4~8 对。软继电器可供编程的触点数量有无限对，因为触发器状态可取用任意次。

（3）控制方法不同。继电控制是通过元器件间的硬接线实现的，所以它的控制功能是固定在线路上的，功能专一，不灵活。PLC 控制则是通过软件编程实现的，只要改变程序，功能就能跟着改变，控制灵活。PLC 采用循环扫描方式工作，不存在继电器控制线路中的联锁和互锁电路，控制设计大大简化。

（4）工作方式不同。在继电器控制线路中，当电源接通时，线路中各继电器处于受制约状态。而在 PLC 的梯形图中，各软继电器处于周期性循环扫描中，受同一条件制约的各软继电器的动作次序取决于程序扫描顺序。继电器在控制线路中的工作方式是并行的，而PLC 的工作方式是串行的。

## 189. 如何区别 PLC 与 DCS 控制系统？

分散式控制系统（DCS）是以微处理器为基础，采用控制功能分散、显示操作集中、兼顾分而自治和综合协调的设计原则的新一代仪表控制系统。DCS 与 PLC 的主要区别表现在以下几方面：

（1）DCS 更侧重于过程控制领域（如化工、冶炼、制药等），主要是一些现场参数的监视和调节控制，而 PLC 则侧重于逻辑控制（机械加工类）。

（2）模拟量大于 100 个点以上的，一般采用 DCS；模拟量在 100 个点以下的，一般采用 PLC。

（3）DCS 是一种分散式控制系统，而 PLC 只是一种控制装置，两者是系统与装置的区别。系统可以实现任何装置的功能与协调，装置只实现本单元所具备的功能。

（4）DCS 网络是整个系统的中枢神经。DCS 通常采用国际标准协议（TCP/IP），它是安全可靠双冗余的高速通信网络，系统的拓展性与开放性好。而 PLC 基本上为单个小系统工作，在与别的 PLC 或上位机进行通信时，所采用的网络形式基本是单网结构，网络协议通常与国际标准协议不符。

（5）DCS 所有 I/O 模块都带有 CPU，可以实现对采集及输出信号的品质判断与标量变换，故障带电插拔，随机更换。而 PLC 模块只是简单的电气转换单元，没有智能芯片，故障后相应单元全部瘫痪。

## 190. PLC 常见电气故障包括哪些？如何处理？

PLC 常见的电气故障包括外围电路元器件故障、端子接线接触不良、干扰故障等。

（1）外围电路元器件故障。输入电路是 PLC 接受开关量、模拟量等输入信号的端口，其元器件质量、接线方式是影响控制系统可靠性的重要因素。PLC 的输出有继电器输出、晶闸管输出、晶体管输出3 种形式，应根据负载要求选择具体的输出形式，选择不当会使系统可靠性降低，严重时导致系统不能正常工作。

PLC 的输出端子带负载能力是有限的，如果超过了规定的最大限值，必须外接继电器或接触器才能正常工作。外接继电器、接触器、电磁阀等执行元件的质量，是影响系统可靠性的重要因素。常见的故障有线圈短路、机械故障造成触点不动或接触不良。

（2）端子接线接触不良。PLC 工作一定时间后，随着设备动作频率的升高，可能出现端子接线接触不良。由于控制柜配线缺陷或者使用中振动加剧及机械寿命等原因，接线头或元器件接线柱易产生松动而引起接触不良。故障的排除方法是使用万用表，借助控制系统原理图或者 PLC 逻辑梯形图进行故障诊断及维修。

（3）干扰故障。PLC 受到的干扰可分为内部干扰和外部干扰。

在实际的生产环境下，外部干扰是随机的，与系统结构无关，且干扰源是无法消除的，只能针对具体情况加以限制。内部干扰与系统结构有关，主要由系统内交流主电路、模拟量输入信号等引起，通过精心设计系统线路或系统软件滤波等处理，可使内部干扰得到最大限度的抑制。PLC外壳的屏蔽，一般应保证与电气柜浮空。

## 191. 变频调速的原理是什么？

变频调速技术的基本原理是根据电动机转速与工作电源输入频率成正比的关系，通过改变电动机工作电源频率，达到改变电动机转速的目的。变频器主要应用于节能、自动化系统、工艺水平和产品质量提高以及电动机软启动等多个方面。

（1）变频器节能主要表现在风机、泵类的应用上。风机、泵类负载采用变频调速后，节电率为20%~60%。当用户需要的平均流量较小时，风机、泵类采用变频调速使其转速降低，节能效果非常明显。目前，应用较成功的有恒压供水泵、各类风机、中央空调和液压泵的变频调速。

（2）变频器具有多种算术逻辑运算和智能控制功能，输出频率精度为0.01%~0.1%，且设置有完善的检测、保护环节，在自动化系统中应用广泛。例如，化纤工业中的卷绕、拉伸、计量、导丝，玻璃工业中的平板玻璃退火炉、玻璃窑搅拌、拉边机、制瓶机，以及电弧炉自动加料、配料系统以及电梯的智能控制等广泛使用变频器。

（3）变频器广泛应用于传送、起重、挤压和机床等各种机械设备控制领域，可提高工艺水平和产品质量，减少设备的冲击和噪声，延长设备的使用寿命。例如，纺织等许多行业用的定型机，可以通过变频器自动调节风机的速度来实现温度调节，解决了产品质量问题。

（4）变频器的软启动功能可使设备的启动电流从零开始变化，最大值不超过额定电流，减轻了对电网的冲击和对供电容量的要求，延长了设备和阀门的使用寿命，同时也节省了设备的维护费用。

## 192. 变频器由哪几部分组成？各部分的作用是什么？

变频器主要由主电路、控制电路组成。

主电路是给异步电动机提供调压调频电源的电力变换部分，由整流器（将工频电源变换为直流功率）、平波回路（吸收在整流器和逆变器产生的电压脉动）以及逆变器（将直流功率变换为交流功率）组成。逆变器是变频器最主要的部分之一。它的主要作用是在控制电路的控制下，将平滑电路输出的直流电源转换为频率和电压都可任意调节的交流电源，用来实现对异步电动机的调速控制。

变频器的控制电路包括主控制电路、信号检测电路、门极（基极）驱动电路、外部接口电路以及保护电路等几个部分，也是变频器的核心部分。控制电路的主要作用是将检测电路得到的各种信号送至运算电路，使运算电路能够根据要求为变频器主电路提供必要的门极（基极）驱动信号，并对变频器以及异步电动机提供必要的保护。此外，控制电路还通过 A/D（模数转换）、D/A（数模转换）等外部接口电路接收/发送多种形式的外部信号和给出系统内部工作状态，以便使变频器能够和外部设备配合进行各种高性能的控制。

## 193. 为什么变频器可以提高功率因数？

变频器提高电动机的功率因数是通过控制异步电动机的转差率实现的。异步电动机在启动时，转差率 $S$ 接近 1，转差大，无功功率大，功率因数低；异步电动机在额定运行时，转差率 $S$ 接近 0，转差小，无功功率小，功率因数高。变频器在启动电动机时，输出频率低，可以保证异步电动机转差在额定转差范围内，因此电动机始终工作在高功率因数状态。

变频器还能够转变电网的功率因数。因为变频器内部滤波电容的作用，无功损耗削减，增加了电网的有功功率，从而提高了功率因数。在变频器输入侧与输出侧串接合适的电抗器，吸取谐波和增大电源或负载的阻抗，达到抑制谐波的目的，以削减传输过程中的电磁辐射。通过抑制谐波电流，可将功率因数由原来的 0.5～0.6 提高至 0.75～0.85。高压变频器在提高功率因数方面效果更好。

## 194. 电动机变频器对电动机有哪些保护作用?

电动机变频器主要的保护作用体现在过电压保护、欠电压保护、过电流保护、缺相保护、反相保护、过负荷保护、接地保护、短路保护、超频保护和失速保护等方面。

（1）过电压保护。电动机变频器的输出有电压检测功能，能自动调整输出电压，使电动机不承受过电压。

（2）欠电压保护。当电动机的电压低于正常电压的 90% 时，变频器保护停机。

（3）过电流保护。当电动机的电流超过额定电流的 150%/3 s，或超过额定电流的 200%/10 μs 时，变频器通过停机来保护电动机。

（4）缺相保护。变频器可监测输出电压，当输出缺相时，变频器报警，一段时间后变频器通过停机来保护电动机。

（5）反相保护。变频器使电动机只能沿一个方向旋转，无法设定旋转方向，除非用户改动电动机 A、B、C 接线的相序，否则没有反相的可能。

（6）过负荷保护。变频器监测电动机电流，当电动机电流超过额定电流的 120%/1 min 时，变频器通过停机来保护电动机。

（7）接地保护。变频器配有专门的接地保护电路，一般由接地保护互感器和继电器构成，当发生一相或两相接地时，变频器报警。

（8）短路保护。变频器输出短路后，必然引起过电流，在 10 μs 内变频器通过停机来保护电动机。

（9）超频保护。变频器有最大和最小频率限制功能，使输出频率只能在规定的范围内，由此实现超频保护功能。

（10）失速保护。失速保护一般针对同步电动机。对于异步电动机，加速过程中的失速必然表现为过电流，变频器通过过电流和过负荷保护实现此项保护功能。减速过程中的失速可通过在调试过程中设定安全的减速时间来避免。

## 195. 变频器有哪些类别？选择变频器应考虑哪些因素？

变频器的分类方法有以下几种：按照主电路工作方式，可以分为电压型变频器和电流型变频器；按照开关方式，可以分为 PAM（脉冲幅度调制）控制变频器、PWM（脉冲宽度调制）控制变频器和高载频 PWM 控制变频器；按照工作原理，可以分为 $V/f$ 控制变频器、转差频率控制变频器和矢量控制变频器等；按照用途，可以分为通用变频器、高性能专用变频器、高频变频器、单相变频器和三相变频器等。

变频器的选型取决于许多因素，应该根据工作电流、使用环境、控制目的等方面的情况，在生产工艺和生产经济性之间进行平衡，选择合适的变频器。变频器选型时要确定以下几点：

（1）变频目的，如恒压控制或恒流控制等。

（2）变频器的负载类型，如叶片泵或容积泵等。负载的性能曲线决定了应用时的方式方法。

（3）变频器与负载的电压匹配、电流匹配、转矩匹配。

（4）在使用变频器驱动高速电动机时，高速电动机的电抗小，高次谐波增加导致输出电流增大，因此用于高速电动机的变频器其容量要稍大于普通电动机。

（5）变频器如果使用长电缆运行，此时要采取措施抑制长电缆对地耦合电容的影响，避免变频器出力不足。因此，要增加变频器容量或者在变频器的输出端安装输出电抗器。

（6）在一些特殊的应用场合，如高温、高海拔场合，变频器会降容，因此变频器容量要放大一挡。

## 196. 变频器常见控制方式有哪些？

变频器常见控制方式有 $V/f$ 控制、转差频率控制、矢量控制、转矩控制。

（1）$V/f$ 控制。$V/f$ 控制是通过压频变换器使变频器的输出电压与输出频率成比例改变，即 $V/f$ 为常数。优点是开环控制，安装调试方便，性价比高，输出转矩恒定，即恒磁通控制。缺点是速度控制的精度不高，在低速运行时，会造成转矩不足，需要进行转矩补偿。$V/f$ 控制适用于以节能为目的和对速度精度要求较低的场合。

（2）转差频率控制。转差频率控制是通过改变变频器的输出频率来控制转差 $\Delta n$ 和电动机的转矩，达到控制电动机转速的目的。变频器的转差频率控制必须采取闭环控制。

转差频率控制和 $V/f$ 控制在功能上的区别：$V/f$ 控制内部不用设置 PID（比例、积分和微分）控制功能，不用设置反馈端子；转差频率控制在变频器的内部要设置比较电路和 PID 控制电路。

（3）矢量控制。矢量控制是交流电动机用模拟直流电动机的控制方法来进行控制。矢量控制的特点是对电动机的转速（转矩）进行控制，不能对电动机的间接控制量进行控制。性能特点是可从零转速进行控制，调速范围宽；可对转矩进行精确控制，系统响应速度快，速度控制精度高。

（4）转矩控制。转矩控制是将转矩检测值与转矩给定值进行比较，使转矩波动限制在一定的转差范围内，转差的大小由频率调节器来控制，并产生 PWM 脉冲宽度调制信号，直接对逆变器的开关状态进行控制。

# 197. 变频器常见的电气故障及诱因有哪些?

变频器常见的电气故障包括过电流（短路）故障、过电压故障、欠电压故障、超温故障等。

（1）过电流（短路）故障。过电流故障在变频器各种故障中最为常见。在启动时，只要加速，变频器就报故障，说明过电流很严重，多是负载短路、机械部件卡死、逆变模块软击穿损坏以及加速时间过短造成的。变频器一送电就报故障，而且不能复位排除，大多是变频器内部驱动电路损坏、电流检测回路损坏等造成的。此外，变频器在通电瞬间或经过短暂的延时，便直接造成上级空气开关跳闸，同时机身内部发出炸响或冒出火花，则是由变频器整流单元、功率逆变元件等直接出现击穿故障造成的。

（2）过电压故障。在排除供电电压过高的原因后，造成过电压故障的主要原因可能是减速时间太短或制动电阻及制动单元出现问题。

（3）欠电压故障。一般在排除电源电压过低的原因后，电源缺相，整流电路一个桥臂发生开路故障，主回路当中的滤波电解电容容量变小，电压检测电路出现问题等可能导致变频器发生欠电压故障。

（4）超温故障。该故障多是由变频器工作环境温度过高、散热孔被堵、冷却风扇损坏、温度传感器以及温度检测电路损坏等原因造成。

## 198. PLC 与变频器有哪几种连接方式？

PLC 与变频器一般有利用 PLC 的模拟量输出模块控制变频器、利用 PLC 的开关量输出控制变频器、PLC 与 RS-485 通信接口连接 3 种方式。

（1）利用 PLC 的模拟量输出模块控制变频器。PLC 的模拟量输出模块输出 0~5 V 电压信号或 4~20 mA 电流信号，作为变频器的模拟量输入信号，控制变频器的输出频率。

（2）利用 PLC 的开关量输出控制变频器。PLC 的开关量输出端一般可以与变频器的开关量输入端直接相连。这种控制方式的接线简单，抗干扰能力强。利用 PLC 的开关量输出可以控制变频器的启动/停止、正/反转、点动、转速和加减时间等，能实现较为复杂的控制要求，但只能有级调速。另外，在设计变频器的输入信号电路时，还应该注意到输入信号电路连接不当，有时也会造成变频器的误动作。例如，当输入信号电路采用继电器等感性负载，继电器开闭时，产生的浪涌电流带来的噪声有可能引起变频器误动作，应尽量避免。

（3）PLC 与 RS-485 通信接口连接。单一的 RS-485 链路最多可以连接 30 台变频器，而且根据各变频器的地址或采用广播信息，可以找到需要通信的变频器。链路中需要有一个主控制器（主站），而各个变频器则是从属的控制对象（从站）。

## 199. 为什么数控机床的供电系统中一般不使用中性线?

在数控机床供电系统中，一般不会使用中性线。如果使用中性线，在中性线断线的情况下，中性点数值会发生偏移，造成三相电压不平衡，设备处于非正常状态，其危险性不容易被发现，故障难以被排除，易引发其他电气故障甚至发生电气事故并烧毁设备。此外，数控机床中存在许多电动机，无论电压升高或降低，都会引起电动机发热，使电动机绝缘老化加速而缩短使用寿命，极端情况下还可能引起火灾。因此，在设计数控机床电气系统时，一般情况下不允许使用中性线。

## 200. 影响数控机床电气系统可靠性的因素有哪些?

数控机床作为制造业中重要的生产设备，在运行过程中易出现故障，多以电气控制模块故障为主。造成电气系统缺乏可靠性的原因主要如下:

（1）元器件质量存在问题。根据相关统计，超过70%的数控机床故障都是电气系统引起的，根本原因是元器件质量较差，直接降低了电气系统的控制效能，最终降低数控机床的生产质量、运行效率。元器件质量差体现在交流插座、机械触点的继电器、键盘、开关、按键、电容、屏蔽电缆等容易出现故障。

（2）存在明显的电源干扰。受到外部电源的干扰，数控机床电气系统常出现失控或者失灵的问题。通常而言，强电设备会在一定程度上影响电源系统，出现脉冲噪声，经过机床的对应途径，对电气系统部件造成不良影响，降低电气系统的稳定性。因此，在设计机床时，必须将抑制电源系统噪声作为基础性工作。

## 201. 数控机床常见的电气故障有哪些?

数控机床常见的电气故障主要表现在硬件故障、软件故障和干扰故障等方面。

（1）硬件故障。硬件故障主要是电子元器件、限位机构、润滑系统等损坏造成机床停机。例如，相关软件设计不到位，致使在实现某些特定的功能和操作时，机床在高速运转中停机，这种情况在断电后就可以恢复；强力干扰，湿度、温度过大等也会造成停机。

（2）软件故障。软件故障主要是由机床操作失误，参数设置不正确，零件加工程序错误，PLC 逻辑控制程序错误等造成的。其中，最严重的故障是控制系统软件损坏或者丢失，或者数控机床参数没有设置好或因为意外导致参数混乱，此时需要重新输入或者修改参数来排除故障。

（3）干扰故障。干扰故障主要是系统工艺、电源地线配置不当以及线路设计不规范等原因造成的。例如，针对机床定位精度不够、反向死区太大、坐标运行不平稳等故障，需要采用相关的仪器确定产生误差的环节和原因，然后再对数控机床进行调节。

## 202. 数控机床中应使用什么样的伺服电机?

伺服电机是数控伺服系统的重要组成部分，是速度和轨迹的控制元件。一般，数控机床中常用的伺服电机如下：

（1）交流伺服电机。大多数控机床使用交流伺服电机，稳定性较好，速度与精度较高，适用于中大型机械。

（2）直流伺服电机。直流伺服电机的调速性能良好。

（3）步进电机。步进电机适用于轻载、负荷变动不大的机械。

（4）直线电机。直线电机具有高速、高精度的特点。

# 203. 什么叫正常照明和应急照明？

电气照明是指将电能转变为光能进行人工照明的技术，分为正常照明和应急照明两大类。

（1）正常照明主要用于满足生产、生活的需要。正常照明有一般照明、局部照明和混合照明 3 种形式。

1）一般照明：不考虑局部的特殊需要，为整个照明场所设置的照明。这种照明一般要求照度均匀，又称为一般均匀照明。其灯具悬吊在顶棚上，距工作面有足够的高度。当采用气体放电灯作为一般照明的光源时，其照度一般低于 30 lx。

2）局部照明：在工作地点附近设置照明灯具，以满足某一局部工作地点的照度要求。局部照明有固定式和可移动式两种。为了避免直射眩光，局部照明的灯具一般采用深照型灯具，如台灯、车床的工作灯等。

3）混合照明：一般照明和局部照明共同组成的照明。两者搭配要适当，混合照明中一般照明的照度应不低于混合照明总照度的 5%~10%，并且其最低照度不小于 20 lx。否则，过低的一般照明和过高的局部照明会造成背景与工作面的亮度对比相差很大，从而产生不应有的眩光，引起视觉疲劳。

（2）应急照明是在正常照明系统因电源发生故障，不再提供正常照明的情况下，供人员疏散、保障安全或继续工作用的照明。应急照明包括备用照明、疏散照明、安全照明 3 种方式。备用照明指在正常照明电源发生故障时，为确保正常活动继续进行而设的应急照明。

疏散照明指在正常电源发生故障时，为使人员能容易而准确无误地找到建筑物出口而设的应急照明。安全照明指在正常电源发生故障时，为确保处于潜在危险中的人员安全而设的应急照明。

# 204. 常见的电光源有哪些?

凡可以将其他形式的能量转换成光能，从而提供光通量的设备、器具统称为光源。其中，可以将电能转换为光能，从而提供光通量的设备、器具则称为电光源。按工作原理分类，电光源可以分为固体发光光源和气体放电发光光源两大类。

（1）固体发光光源。固体发光光源包括热辐射光源和电致发光光源。

1）热辐射光源。热辐射光源是指电流流经导电物体，使之在高温下辐射光能的光源，包括白炽灯和卤钨灯两种。

2）电致发光光源。在电场作用下，使固体物质发光的光源称为电致发光光源。它将电能直接转变为光能，包括场致发光光源和发光二极管两种。

（2）气体放电发光光源。电流流经气体或金属蒸气，使之产生气体放电而发光的光源，称为气体放电发光光源。气体放电有弧光放电和辉光放电两种，放电电压有低气压、高气压和超高气压3种。弧光放电光源包括荧光灯、低压钠灯等低气压气体放电灯，高压汞灯、高压钠灯、金属卤化物灯等高气压气体放电灯，超高压汞灯等超高压气体放电灯，以及碳弧灯、氙灯、某些光谱光源等放电气压跨度较大的气体放电灯。辉光放电光源包括利用负辉区辉光放电的辉光指示光源和利用正柱区辉光放电的霓虹灯，二者均为低气压放电灯；此外还包括某些光谱光源。

## 205. 什么是明线安装和暗线安装?

室内线路由导线、导线支持物、连接件及用电器具等组成，分为照明线路和动力线路。室内线路的安装通常有明线安装和暗线安装两种。明线安装指的是导线沿墙壁、天花板、梁及桥架等明敷设。暗线安装指的是导线穿管埋设在墙内、柱内、屋顶棚里和地坪内等暗敷设。

## 206. 明线敷设的基本技术要求有哪些?

（1）所有导线的额定电压应大于线路工作电压。不同电压、不同电价的用电设备应有明显区别：线路分开安装，如照明线路和动力线路。安装在同一块配电盘上的开关设备，应用文字注明以便维修。

（2）一般应采用绝缘导线，其绝缘应符合线路安装方式要求和敷设的环境条件，截面应满足供电和机械强度等条件要求。

（3）明线敷设时，线路在建筑物内应水平或垂直敷设，配线位置应便于检查和维修。室内水平敷设导线距地面不得低于 2.5 m，垂直敷设导线距地面不得低于 2 m，室外水平和垂直敷设导线距地面均不得低于 2.7 m，否则应将导线穿在钢管内加以保护，以防机械损伤。

（4）导线穿过楼板时，应穿钢管或塑料管加以保护，长度应从高于楼板 2 m 处至楼板下出口处为止。导线穿墙要用瓷管或塑料管保护，管两端出线口伸出墙面不小于 10 mm，以防导线和墙壁接触。导线穿出墙外时，穿线管应向墙外地面倾斜或用釉瓷弯头套管，弯头管口向下，以防雨水流入管内。导线沿墙壁或天花板敷设时，导线与建筑物之间的距离一般不小于 100 mm，导线敷设在通过伸缩缝的地方时应稍松弛。

（5）配线时应尽量避免导线有接头。导线连接和分支处，不应受到机械力作用。导线相互交叉时，为避免碰线，每根导线上应套上塑料管或其他绝缘管，并将套管固定，不得移动。

（6）为确保安全用电，室内电气管线和配电设备与其他管道、设备间的最小距离应满足一定要求。

## 207. 室内线路穿管敷设的基本技术要求有哪些？

（1）穿管敷设绝缘导线的电压等级应不小于交流 500 V，绝缘导线穿管应符合有关规定。导线芯线的最小截面积规定：铜芯线截面积不小于 1 mm$^2$（控制及信号回路的导线不在此限），铝芯线截面积不小于 2.5 mm$^2$。

（2）同一单元、同一回路的导线应穿入同一管内，不同电压、不同回路、不同电流种类的供电线或非同一控制对象的导线，不得穿入同一管内。互为备用的线路也不得共管。

（3）电压为 65 V 及以下的回路、同一设备或同一流水作业设备的电力线路、无防干扰要求的控制回路、照明灯的所有回路以及同类照明的几个回路等，可以共用一根管，但照明线不得多于 8 根。

（4）对于所有穿管线路，管内不得有接头。采用一管多线时，管内导线的总面积（包括绝缘层）应不超过管内截面积的 40%。在钢管内不准穿单根导线，以免形成交变磁通带来损耗。

（5）穿管明敷线路应采用镀锌或经涂漆的焊接管（水管、煤气管）、电线管或硬塑料管。钢管壁厚不小于 1 mm，明敷设用的硬塑料管壁厚应不小于 2 mm。

（6）穿管线路长度太长时，应加装接线盒。为便于安装和检修，对接线盒的位置有以下规定：

　　1）无弯曲转角时，不超过 45 m 处安装一个接线盒。

　　2）有 1 个弯曲转角时，不超过 30 m 处安装一个接线盒。

　　3）有 2 个弯曲转角时，不超过 20 m 处安装一个接线盒。

　　4）有 3 个弯曲转角时，不超过 12 m 处安装一个接线盒。

# 208. 什么是低压配电装置？

　　低压配电装置是用于接受低压电力，同时又向动力或照明负荷馈送电能，实现控制、保护和测量的电气装置，它由量电装置和配电装置两部分组成。量电装置由进户总熔丝盒、电能表和电流互感器等组成。配电装置由控制开关、过载及短路保护电器等组成，容量较大的还有隔离开关。一般，总熔丝盒装在进户管的墙上，电流互感器、电能表、控制开关、过载及短路保护电器均装在同一块配电板上。大容量负荷电源一般采用 380/220 V 的三相四线制电源，小容量采用 220 V 电源。

# 209. 室内开关的作用和安装要求是什么？

　　开关是指可以使电路开路、使电流中断或使其流到其他电路的电子元件，作用是接通和断开电路。开关按照构造分为单极开关、双极开关、三极开关和四极开关。单极开关接线头只有 1 个，只能断开一根相线，适用于控制一相火线；双极开关接线头有 2 个，一个接相线，一个接零线，适用于控制相线和零线；三极开关接线头有 3 个，三个都接火线，适用于控制三相 380 V 电压线路；四极开关接线头有 4 个，三个接火线，一个接零线，适用于控制三相四线制线路。

　　通常，安装开关应注意以下 5 点要求：

（1）车间内的照明一般由配电箱直接控制，通常选用单极开关，实行逐相控制。当照明由局部控制时，可选用各回路带熔断器或自动开关的配电箱。

（2）照明配电箱和照明变压器箱的安装高度，以箱中心距地1.5 m 为宜。

（3）扳把开关安装高度一般为距地面 1.2~1.4 m。开关方向要一致，一般向上为"合"，向下为"断"。

（4）拉绳开关安装高度一般为距地面 2.5 m，且拉绳开口应向下。

164

（5）多尘、潮湿场所和户外场所，应采用瓷质防水拉线开关或加装保护箱。

## 210. 哪些设备构成家用电气照明基本线路？

电气照明基本线路一般由电源、导线、开关和负载组成。电源由低压照明配电箱提供，常用三相变压器供电，每一根相线和中性线之间都构成一个单相电源，在负载分配时要尽量做到三相负载对称。电源与照明灯具之间用导线连接，选择导线时要注意允许的载流量，明敷线路铝导线可取 $4.5 A/mm^2$，铜导线可取 $6 A/mm^2$，软导线可取 $5 A/mm^2$。开关用于控制电流的通断。负载将电能变为光能。

## 211. 塑料护套线线路如何安装？

塑料护套线线路是一种具有塑料护套层的双芯或多芯绝缘导线，具有防潮、耐酸和耐腐蚀等性能。塑料护套线可直接敷设在空心墙壁和建筑物表面，用塑料线卡或铝片线卡作为导线的支持物，敷设施工简单，维修方便，线路整齐美观，造价低，广泛用于住宅类、办公室等地方的电气照明和其他小容量配电线路。这种导线截面小，不宜用于大容量电路，不宜在室外露天明敷。塑料护套线线路的安装按以下程序实施：

（1）画线定位。根据图样确定线路的走向、电器的安装位置、导线的敷设位置、导线穿过墙和楼板的位置及导线起始、转角的位置。用粉袋弹线画线，同时按护套线的安装要求，直线敷设段每隔50~100 mm画出固定线卡的位置，在距开关、插座和灯具50~100 mm处画出固定线卡的位置。

（2）敷设塑料护套线，具体如下：

1）敷设导线。为了使护套线敷设得平直，可在直线部分的两端各装一副瓷夹，敷线时先把护套线一端固定在瓷夹内并勒直，然后在另一端收紧护套线，将其固定在另一副瓷夹内。

2）根据所敷设护套线选用相应的线卡，按所画出的固定线卡位置钉上线卡并把护套线依次夹入线卡中。

3）接线并连接用电设备。

4）绝缘测量及通电试验。

## 212. 如何安装塑料槽板线路？

槽板布线导线不外露，比较美观，常用于用电量较小的室内干燥场所，如住宅、办公室等。较常使用的塑料线槽，用于干燥场所，可作为永久性明线敷设，一般用于简易建筑或永久性建筑的附加线路。塑料槽板线路的安装按以下程序实施：

（1）定位画线。为了美观，线槽一般沿建筑物墙、柱、顶的边角处布置，要横平竖直。为了便于施工，线槽不能紧靠墙角，有时要有意识地避开不易打孔的混凝土梁、柱。位置定好后先用粉袋弹线画

165

线，由于线槽布线都是后加线路，施工过程中要保持墙面整洁。弹线时，横线弹在槽上沿，纵线弹在槽中央，以便装上线槽后把线挡住。

（2）槽底下料。根据所画线位置，把槽底截成合适长度，平面转角处槽底锯成45°斜角，下料用手钢锯。有接线盒的地方，线槽到盒边为止。

（3）固定槽底和明线盒。用木螺钉把槽底和明线盒用胀管固定好。槽底的固定点位置，直线段小于500 mm，短线段距两端100 mm。在明线盒下部适当位置开孔，准备进线用。

（4）下线、盖槽底。按线路走向进行槽盖下料，由于在拐弯分支的地方都要加附件，槽盖下料时要把长度控制好，槽盖要压在附件下8~10 mm。进盒的地方可以使用进盒插口，也可直接把槽盖压入盒下。直线段对接时上面可以不加附件，接缝要接严。槽盖的接缝最好与槽底接缝错开。把导线放入线槽，槽内不准有接头，导线接头在接线盒内进行。放导线的同时把槽盖盖上，以免导线掉落。

（5）接线并连接用电设备。

（6）绝缘测量及通电试验。

# 213. 什么是电能计量装置?

电能计量装置是用于测量、记录发电量、供（互供）电量、厂用电量、线损电量和用户用电量的计量器具。通常把电能表、测量用互感器、电能表到互感器的二次回路以及计量柜统称为电能计量装置。电能是一种特殊的商品，电能的发、输、变、配、用几乎在同一时刻完成。为了贸易结算，电能从发电厂到客户间的升压、输送、降压、使用等过程均有电能计量装置，用来计量发电量、厂用电量、供电量和销售电量等。

计量居民用电量的单相电能表是一种简单的电能计量装置，它计量的用电量是居民缴纳电费的依据。居民的单相电能表一般直接接入电路，但是在高电压、大电流系统中，实际电压和电流超过了电能表的量程，必须先通过互感器将高电压、大电流变换成低电压、小电流，才能接入电能表进行测量。

## 214. 电能计量装置如何分类?

根据《电能计量装置技术管理规程》（DL/T 448—2016），运行中的电能计量装置按计量对象重要程度和管理需要分为 5 类。

（1）Ⅰ类电能计量装置，包括 220 kV 及以上贸易结算用电能计量装置、500 kV 及以上考核用电能计量装置、计量单机容量 300 MW 及以上发电机发电量的电能计量装置。

（2）Ⅱ类电能计量装置，包括 110（66）~ 220 kV 贸易结算用电能计量装置、220 ~ 500 kV 考核用电能计量装置、计量单机容量为 100 ~ 300 MW 发电机发电量的电能计量装置。

（3）Ⅲ类电能计量装置，包括 10 ~ 110（66）kV 贸易结算用电能计量装置、10 ~ 220 kV 考核用电能计量装置、计量 100 MW 以下发电机发电量和发电企业厂（站）用电量的电能计量装置。

（4）Ⅳ类电能计量装置，包括 0.38 ~ 10 kV 电能计量装置。

（5）Ⅴ类电能计量装置，包括 220 V 单相电能计量装置。

## 215. 什么叫电子式电能表?

电子式电能表也称静止式电能表，是利用微电子技术、信号处理技术及通信技术制造的交流电能表，通过对用户供电电压和电流进行实时采样，采用专用的电能表集成电路，对采样电压和电流信号进行处理并将其转换成与电能成正比的脉冲输出，通过计度器或数字显示器显示出来。

电子式电能表可以采用汉化液晶显示，具有正向有功电能、反向有功电能、无功电能计量功能，能存储数据。有功电能量按相应的时段分别累计、存储总、尖、峰、平、谷电能量。电子式电能表具有事件记录功能，以及红外、RS-485、载波和蓝牙通信功能。停电后，液晶显示自动关闭。液晶显示关闭后，2 h 内可用按键唤醒液晶显示，每次持续 30 s。

## 216. 什么叫智能电能表？

智能电能表是智能电网的智能终端，承担着原始电能数据采集、计量和传输的任务，是实现信息集成、分析优化和信息展现的基础。智能电能表是以微处理器应用和网络通信技术为核心的智能化仪表，具有自动计量/测量、数据处理、双向通信和功能扩展等功能，能够实现双向计量、远程/本地通信、实时数据交互、多种电价计费、远程断供电、电能质量监测、水气热表抄读、与用户互动等功能。以智能电能表为基础构建的智能计量系统，能够支持智能电网对负荷管理、分布式电源接入、能源效率、电网调度、电力市场交易和减少排放等方面的要求。

## 217. 如何配置电能表的准确度等级？

电能表的准确度等级是指电能表符合一定的计量要求，使误差保持在规定极限以内的测量仪器的等别、级别，也是反映电能表性能好坏的一个重要指标。电能表可分为 7 个等级：0.2S 级、0.5S 级、1S 级、0.5 级、1 级、2 级、3 级。等级数值越小，电能表的准确度越高。通常所用电能表的等级都在电能表的度盘上标出。根据《电能计量装置技术管理规程》（DL/T 448—2016），电能表的准确度等级配置见表 3-1。

表 3-1　　　　　　　　　电能表的准确度等级配置

| 电能表类别 | 有功电能表准确度等级 | 无功电能表准确度等级 |
|---|---|---|
| Ⅰ类 | 0.2S | 2 |
| Ⅱ类 | 0.5S | 2 |
| Ⅲ类 | 0.5S | 2 |
| Ⅳ类 | 1 | 2 |
| Ⅴ类 | 2 | — |

## 218. 一块电能表的铭牌上标注有 6 400 imp/(kW·h) 和 6 400 imp/(kvar·h)，其含义是什么？

电能表的 imp 表示脉冲数，属于电能表常数。6 400 imp/(kW·h) 的含义是用电设备每消耗 1 kW·h 的有功电能，电子式电能表的脉冲灯闪动 6 400 次；6 400 imp/(kvar·h) 的含义是用电设备每消耗 1 kvar·h 的无功电能，电子式电能表的脉冲灯同样闪动 6 400 次。

## 219. 单相电能表直通式接线图中强弱电端子的含义是什么？

单相电能表直通式接线图如图 3-1 所示，其强弱电端子的含义注解：强电端子 1、2 是相线接线端子；3、4 是零线接线端子；跳闸控制端子 5、6 完成费控功能；脉冲接线端子 7、8 输出脉冲，供校验电能表用；多功能口接线端子 9、10 供电能表时钟、程序等参数设定用；RS-485 A、B 接线端子用于连接电能表与采集器或集中器，是完成通信用的。

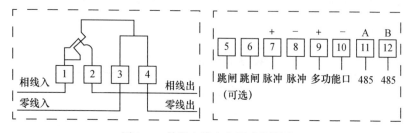

图 3-1　单相电能表直通式接线图

## 220. 单相电子式电能表如何实现费控？

单相电子式电能表费控功能的实现分为本地和远程两种方式。本地方式通过 CPU 卡、射频卡等固态介质实现，远程方式通过载波等虚拟介质和远程售电系统实现。无论是本地还是远程方式，最终主站必须对客户实现欠费断电功能。为此，在电子式电能表的电流回路，设有负荷开关，当客户电费用完时，通过负荷开关跳闸，实现对客户断电；若恢复供电，必须接受主站恢复供电的指令。

本地费控功能包括：①当剩余金额小于或等于设定的报警金额时，电能表以声、光或其他方式提醒客户；当透支金额低于设定的透支门限金额时，电能表发出断电信号，控制负荷开关中断供电；当电能表接收到有效的续费信息后，先扣除透支金额，当剩余金额大于设定值时，可由客户恢复供电。②剩余金额不能超过设计允许的电能表最大储值金额。③电能表的预存电费与表内的剩余金额进行叠加，并能将剩余金额、电能表用电参数等信息返写至固态介质。④电能表不接受非指定介质输入的任何信息。

远程费控一般指的是电费计算在远程售电系统中完成，表内不存储、显示与电费、电价相关信息。电能表接收远程售电系统下发的跳闸、允许合闸、ESAM（嵌入式安全智能模块）数据抄读指令时，需通过严格的密码验证及安全认证。

# 221. 单相电子式电能表的通信接口有哪几种?

根据《多功能电能表通信协议》（DL/T 645—2007），电子式电能表一般可设置电气上彼此隔离的 3 种接口，并通过这 3 种接口与本地或远程主站实现数据交换。

（1）RS-485、载波及公网通信接口。各接口通信功能如下：

1）RS-485 通信实现本地通信功能。用通信线将电能表的 RS-485 接口与外部采集器或集中器的 RS-485 接口对应端子连接起来，完成电能表与采集器的通信，采集器再与集中器通信，它们一起构成客户用电信息采集系统的局部。

2）载波通信完成本地通信功能。它直接利用已有的电力线路构成的网络，通过调制与解调技术，实现电能表与采集器或集中器的通信。具备载波通信功能的电能表大表盖外开设有凹槽，可嵌入专用载波模块。载波模块与电能表通过插座式接口连接。若载波模块损坏后失效，可更换载波模块，电子式电能表便可继续正常通信。电能表可配置窄带或宽带载波模块。

3）公网通信。公共通信网络分为中国电信、中国移动和中国联通 3 种，完成远程通信功能。具备公网通信功能的电能表，只需将上述电能表大表盖外的通信凹槽内嵌入中国移动或中国电信或中国联通模块即可，同样很方便。更换通信网络时，只需更换通信模块和软件配置，而不必更换整只电能表。

（2）红外抄表接口。红外抄表接口采用近距离红外线通信，将电能表内的信息加载在红外光波上，传递到外配手持终端或便携微机上。

（3）IC（集成电路）卡接口。IC卡的存储介质是EEPROM（带电可擦可编程只读存储器），又称可插除存储器。它以IC卡专用介质为载体，通过异地、非同时的读写方式，先在供电企业的售电机上预购一定数额的电量，然后通过客户IC卡接口将购得的电量写入电能表内。

## 222. 什么叫窃电？如何防止窃电？

依据《供电营业规则》，窃电是以非法占用电能为目的，采取各种手段窃用电能的行为。任何单位或个人有下列行为之一的，可认定为窃电行为：在供电企业的供电设施上擅自接线用电，绕越供电企业用电计量装置用电，伪造或者开启供电企业加封的用电计量装置封印用电，故意损坏供电企业用电计量装置用电，故意使供电企业用电计量组装置不准或失效用电，采用其他方法窃电。

加强电能计量装置技术改造，使互感器、计量二次回路、电能表、联合接线盒及表箱等由以前的敞开式计量更改成全封闭式计量，是防止窃电的最有效方法。防止窃电的措施有以下7个方面：

（1）对居民用户。采用集中装表箱或全封闭表箱，即线进管、管进箱、箱加锁和封印的办法，使人、表分离，让用户无法接触电能表和二次线。

（2）对高压用户。电能计量装置的改造方案：加装干式组合互感器（高压计量箱），并在组合互感器一次侧用热缩护套（或冷缩护套）进行封闭，以防止在一次接线端子处人为短路窃电，二次回路使用铠装导线，电能表、联合接线盒安装在设有密码和防撬锁的全封闭式表箱内，使整个电能计量装置处在全封闭状态。应将计量点按以下方法迁移（即室内向室外迁移）：

1）对部分专线专柜用户，因历史原因计量点设在用户侧的，一律依法将计量点迁移到产权分界点或变电站，并安装干式组合互感器（高压计量箱），使计量回路同其他回路分开，以避免通过中间环节窃电。

2）对 10 kV 公用线路上"T"接的专变用户，特别是小型炼钢厂、页岩砖厂等私营企业、乡镇企业，将计量点迁移到 10 kV 公用线与用户支线的上下层间，计量装置按高压用户的电能计量装置改造方案进行安装。表箱安装在电杆上，同时在表箱内加装无线抄表装置，使抄表人员抄表更方便、快捷，给窃电带来一定的难度和风险，使窃电者无可乘之机。

3）对计量点设在用户侧且计量方式为高供低计的用户，将计量方式改为高供高计，并将计量点迁移到配电室外进线电杆上或变压器高压侧，电能计量装置按高压用户的电能计量装置改造方案进行安装，使原来敷设在地下的电缆由表前线变成表后线。

（3）对低供低计带 TA 的用户，改造时将电能计量装置用计量箱或柜进行一次全封闭，防止窃电。

（4）将原有的油浸式组合互感器更换成精度为 0.2S 级的干式组合互感器。油浸式组合互感器可以被撬开而在内安装遥控窃电装置；干式组合互感器采用整体浇注，同时计量用 TA 采用 0.2S 级及以上精度，铁芯采用超微晶合金，使误差曲线近似一条水平直线，即使提高 TA 变比，只要实际一次电流在额定一次电流的 1%以上，就有足够的计量精度，可以防止通过组合互感器窃电。

（5）使用新一代全电子式多功能电能表。全电子式多功能电能

173

表具有不能倒装、不可更改常数、失压和失流记录及电流不平衡记录、逆相序记录等防窃电功能。

（6）对用电量大而且有窃电嫌疑的用户，还应在表箱中加装电能计量装置异常运行测录仪。这种测录仪可以利用移动通信网络直接针对计量回路的各种故障（如失压、欠压、电流开路和短路、相序错误、接线错误等）进行报警，又能随时和定时采集用户用电负荷情况，对用户的用电情况进行实时监测和科学管理。

（7）对原有的编程器加装设置密码程序。安装了设置密码程序的编程器，可以方便和快捷地为电能表加装密码保护，如果不输入正确的密码，任何编程器将无法对电能表进行操作，这是解决通过编程器窃电问题最简单、有效的办法。

## 223. 配置电能计量装置应遵循哪些基本原则?

（1）贸易结算用的电能计量装置，原则上应设置在供用电设施产权分界处。在发电企业上网线路、电网经营企业间的联络线路和专线供电线路的另一端应设置考核用电能计量装置。

（2）Ⅰ、Ⅱ、Ⅲ类贸易结算用的电能计量装置，应按计量点配置计量专用电压、电流互感器或专用二次绕组。电能计量专用电压、电流互感器或专用二次绕组及其二次回路不得接入与电能计量无关的设备。

（3）计量单机容量在 100 MW 及以上的发电机组上网贸易结算电量的电量计量装置和电网经营企业之间购销电量的电能计量装置，宜配置准确度等级相同的主副两套有功电能表。

（4）35 kV 以上贸易结算用电能计量装置中，电压互感器二次回路应不装设隔离开关辅助触点，但可装设熔断器；35 kV 及以下贸易结算用电能计量装置中，电压互感器二次回路应不装设隔离开关辅助触点和熔断器。

（5）安装在客户处的贸易结算用电能计量装置，10 kV 及以下电压供电的客户，应配置统一标准的电能计量柜或电能计量箱；35 kV 电压供电的客户，宜配置统一标准的电能计量柜或电能计量箱。

（6）贸易结算用高压电能计量装置应装设电压回路失电压计时器。未配置计量箱的，其互感器二次回路的所有接线端子、试验端子应能实施封锁。

（7）互感器二次回路的连接导线应采用铜质单芯绝缘线。对于电流二次回路，导线截面积应按电流互感器额定二次负载计算确定，并且应不小于 4 mm$^2$。对于电压二次回路，导线截面积应按允许的电压降计算确定，并应不小于 2.5 mm$^2$。

（8）互感器实际二次负载应在 25%~100% 额定二次负载范围内，电流互感器额定二次负载的功率因数应为 0.8~1.0，电压互感器额定二次负荷的功率因数应与实际二次负载的功率因数接近。

（9）电流互感器额定一次电流的确定，应保证在正常运行中的实际负荷电流达到额定值的 60% 左右，且不少于 30%，否则应选用高动稳定性、热稳定性的电流互感器以降低变比。

（10）为提高低负荷计量的准确性，应选用过载 4 倍及以上的电能表。

（11）经电流互感器接入的电能表，标定电流不宜超过电流互感器额定二次电流的 30%，额定最大电流应为电流互感器额定二次电流的 120% 左右。直接接入式电能表的标定电流应按正常负荷电流的 30% 左右选择。

（12）执行功率因数调整电费的客户，应安装能计量有功电能、感性和容性无功电能的电能计量装置；按最大需量计收基本电费的客户，应装设具有最大需量计量功能的电能表；实行分时电价的客户，应装设复费率电能表或多功能电能表。

（13）带有数据通信接口的电能表，其通信规约应符合《多功能电能表通信协议》（DL/T 645—2007）的规定。

（14）具有正向、反向送电的计量点，应装设计量正向和反向有功电能以及四象限无功电能的电能表。

## 224. 什么是标准互感器？

标准互感器主要针对基层供电及生产部门的需要而设计，在互感器的误差试验中用作校验标准。10 kV、0.05 级电压互感器是高电压等级、高准确度的电压互感器，可实现校验 10 kV、0.1 级以下的电压互感器，100 V 时可带 0.25 W 的二次负荷，可完全满足电压互感器的检定要求。标准电流互感器主要用于电流互感器、相应仪表的校定与校准，以及对电流参数的精密测量。影响标准电流互感器计量性能的关键零部件是一次绕组导线、二次绕组导线和铁芯。

## 225. 什么是电力线载波通信？

电力线载波通信又称低压载波通信，是将信息调制为高频信号并耦合至电力线路，利用电力线路作为介质进行通信的技术，一般分为低压窄带载波和低压宽带载波两种。低压窄带载波是指载波信号频率范围不高于 500 kHz 的低压载波通信，其数据传输速率低，双向传输，无须另外铺设通信线路，安装方便，易于将电力通信网络延伸到低压客户侧，以实现对客户电能表的数据采集和控制。低压窄带载波存在电力线信号衰减大，噪声多且干扰强，阻抗受负载特性影响大等问题。低压窄带载波通信适用于电能表位置较分散、布线较困难、用电负荷特性变化小的台区，如城乡公用变压器台区供电区域、别墅区、城市公寓小区。

# 226. 建筑用电负荷如何分级?

建筑用电负荷应根据对供电可靠性的要求及中断供电所造成的损失或影响程度确定，分为一级负荷、二级负荷和三级负荷。

一级负荷通常包括以下 4 种情况：中断供电将造成人身伤害；中断供电将造成重大损失或重大影响；中断供电将影响重要用电单位的正常工作，或造成人员密集的公共场所秩序严重混乱；特别重要场所不允许中断供电的负荷应定为一级负荷中的特别重要负荷。

二级负荷通常包括以下两种情况：中断供电将造成较大损失或较大影响；中断供电将影响较重要用电单位的正常工作，或造成人员密集的公共场所秩序混乱。

不属于一级和二级的用电负荷定义为三级负荷。

# 227. 高压电气试验要注意哪些安全事项?

高压电气试验，除了要切断设备一切可能来电的电源外，还要用试验电源给被试设备加压，使设备产生高电压，以达到试验的目的。高压电气试验较一般电气设备维修更具有危险性，通常应严格遵守下列安全注意事项：

（1）试验人员必须胜任工作，且不得少于两人，并应有试验负责人，试验时制定和采取安全措施。

（2）弄清工作范围，将被试设备与其他设备明显隔开，并有人监护。

（3）落实试验前复查接线制度。

（4）试验时，试验人员应站在绝缘垫上或穿绝缘靴，这是防止触电事故或减轻伤害程度的一项安全措施。

（5）加压试验前，必须通知有关人员离开被试设备或退出现场。

（6）对有电容或有静电感应的被试设备，试验前后必须充分放电或接地。

（7）加压试验工作的拉、合闸，必须相互呼应，正确传达口令。

（8）加压试验倒换接线时，调压器必须退至零位，断开试验电源开关后，才能进行。

## 228. 建筑供配电系统各级负荷的供电有什么要求?

根据《民用建筑电气设计标准》（GB 51348—2019），建筑供配电系统中各级负荷应满足以下要求。

（1）一级负荷应由双重电源的两个低压回路在末端配电箱处切换供电，另有规定者除外。当一个电源发生故障时，另一个电源不应同时受到损坏。

（2）对于一级负荷中的特别重要负荷，其供电应符合以下要求：

1）除双重电源供电外，尚应增设应急电源供电。

2）应急电源供电回路应自成系统，且不得将其他负荷接入应急电源供电回路。

3）应急电源的切换时间，应满足设备允许中断供电的要求。

4）应急电源的供电时间，应满足用电设备最长持续运行时间的要求。

5）一级负荷中的特别重要负荷的末端配电箱切换开关上端口宜设置电源监测和故障报警。

（3）二级负荷的供电应符合以下规定：

1）二级负荷的外部电源进线宜由 35 kV、20 kV 或 10 kV 双回线路供电；当负荷较小或地区供电困难时，二级负荷可由一路 35 kV、20 kV 或 10 kV 专用的架空线路供电。

2）当建筑物由一路 35 kV、20 kV 或 10 kV 电源供电时，二级负荷可由两台变压器各引一路低压回路在负荷端配电箱处切换供电，另有特殊规定者除外。

3）当建筑物由双重电源供电，且两台变压器低压侧设有母联开关时，二级负荷可由任一段低压母线单回路供电。

4）冷水机组（包括其附属设备）等季节性负荷为二级负荷时，可由一台专用变压器供电。

5）由双重电源的两个低压回路交叉供电的照明系统，其负荷等级可定为二级负荷。

（4）三级负荷可采用单电源单回路供电。

## 229. 什么是建筑防雷装置？

建筑防雷装置包括外部防雷装置和内部防雷装置。

建筑外部防雷装置由接闪器、引下线和接地装置 3 部分组成。接闪器有 3 种形式：接闪杆、接线杆和接闪网。接闪器位于建筑物的顶部，其作用是引雷或截获闪电，即把雷电流引下。引下线上部与接闪器连接，下部与接地装置连接，它的作用是把接闪器截获的雷电流引至接地装置。接地装置位于地下一定深度之处，它的作用是使雷电流顺利迅速流散到大地中去。

建筑内部防雷装置的作用是减少建筑物内的雷电流和所产生的电磁效应以及防止反击、接触电压、跨步电压等二次伤害。除外部防雷装置外，所有为达到此目的所采用的设施、手段和措施均为内部防雷装置，它包括等电位联结设备、屏蔽设施、加装的避雷器以及合理布线和良好接地等措施。

# 230. 什么是过电压？

过电压是指工频下交流电压均方根值升高，超过额定值的 10%，并且持续时间大于 1 min 的长时间电压变动现象。电力系统在特定条件下所出现的超过工作电压的异常电压升高，属于电力系统中的一种电磁扰动现象。根据产生过电压的能量来源，可将过电压分为外部过电压和内部过电压两大类。

（1）外部过电压又称大气过电压。外部过电压由大气中的雷云对地面放电引起，分直击雷过电压和感应雷过电压两种，持续时间为几十微秒，具有脉冲的特性，故常称为雷电冲击波。直击雷过电压是雷闪直接击中电工设备导电部分时所出现的过电压。雷闪击中带电的导体，如架空输电线路导线，称为直接雷击。雷闪击中正常情况下处于接地状态的导体，如输电线路铁塔，使其电位升高以后又对带电的导体放电，称为反击。直击雷过电压幅值可达上百万伏，会破坏电工设施绝缘，引起短路接地故障。感应雷过电压是雷闪击中电工设备附近地面，在放电过程中由于空间电磁场的急剧变化而使未直接遭受雷击的电工设备（包括二次设备、通信设备）上感应出过电压。

（2）内部过电压指电力系统内部运行方式发生改变而引起的过电压，包括暂态过电压、操作过电压和谐振过电压。暂态过电压是由于进行断路器操作或发生短路故障，电力系统经历过渡过程以后重新达到某种暂时稳定状态时所出现的过电压，又称工频电压升高。操作过电压是进行断路器操作或发生突然短路而引起的衰减较快、持续时间较短的过电压。谐振过电压是电力系统中电感、电容等储能元件在某些接线方式下与电源频率发生谐振所造成的过电压。

# 231. 什么是特低电压配电?

特低电压作为保护措施包括安全特低电压和保护特低电压,其电压不超过《建筑物电气装置的电压区段》(GB/T 18379—2011)规定的电压区段 I 的上限值,即交流 50 V。

(1)安全特低电压和保护特低电压的配电回路应满足下列 4 个要求:

1)配电回路的带电部分与其他安全特低电压或保护特低电压回路之间应具有基本绝缘;与其他非特低电压回路带电部分可采用双重绝缘或加强绝缘做保护隔离,也可采用基本绝缘加上按其中最高电压设置的保护屏蔽。

2)当采用安全特低电压配电时,回路的带电部分与地之间应具有基本绝缘,其外露可导电部分不得与地、保护导体以及其他回路的外露可导电部分进行电气连接。

3)安全特低电压回路的外露可导电部分有可能与其他回路的外露可导电部分接触时,其电击防护除依靠安全特低电压保护外,还应依靠与安全特低电压回路接触的其他回路外露可导电部分的电击防护措施。

4)当采用保护特低电压配电时,回路和由保护特低电压回路供电的设备外露可导电部分应接地。

(2)特低电压的回路布线系统与具有基本绝缘的其他回路带电部分之间的保护分隔应采取下列措施之一:

1)回路导线除应具有基本绝缘外,还应具有绝缘护套或应将其置于非金属护套或绝缘外壳（外护物）内。

2）回路应用接地的金属护套或接地的金属屏蔽物与电压高于交流 50 V 的回路导体隔开。

3）回路导体可与电压高于交流 50 V 的回路导体共用一根多芯电缆或导体组，但回路导体应按其中最高的电压加以绝缘。

4）将安全特低电压和保护特低电压回路与其他回路拉开距离。

（3）特低电压系统的插头及插座应符合下列要求：

1）插头应不能插入其他电压系统的插座内。

2）插座应不能被其他电压系统的插头插入。

3）安全特低电压系统的插头和插座不应具有保护接地线的接点。

## 232. 什么是电涌？什么是电涌保护器？

电涌是以雷击电磁脉冲和操作电磁脉冲为骚扰源，在电气电子系统中耦合的能量脉冲。实际上，电涌是骚扰源耦合到电气电子系统中产生的一种干扰，一旦系统中产生了电涌，它对系统设备或元件而言又是一种骚扰源。

电涌保护器是用于带电系统中限制瞬态过电压并耗散电涌能量的含非线性元件的保护器件，用以保护电气电子系统免遭雷电或操作过电压及涌流的损害，主要用于建筑物内低压配电系统和电子信息系统。

## 233. 什么是电磁兼容性？评价电磁兼容性的原则性指标有哪些？

电磁兼容性是指设备或系统在其电磁环境中能正常工作且不对该

环境中任何事物构成不能承受的电磁干扰的能力。通俗地说，如果电磁环境中所有的事物都能和谐共处，那么这个环境就是电磁兼容的。如果把一台装置加入该电磁环境中不会引起电磁干扰，则意味着这台装置在这一环境中具有电磁兼容性。

评价电磁兼容性的原则性指标有电磁兼容水平、发射裕量、抗扰度裕量、电磁兼容裕量。

（1）电磁兼容水平。电磁兼容水平是指一个规定的骚扰水平，在这个骚扰水平下应具有可以接受的高概率的电磁兼容性。

（2）发射裕量。发射裕量是指电磁兼容水平与发射限值的比值。发射限值是指发射器允许的最大发射水平。发射裕量越大，电磁兼容水平的容差性就越大，即若因某种原因使电磁兼容水平下降或发射水平上升，只要变化部分不超过发射裕量的范围，则电磁兼容性能得以保持。

（3）抗扰度裕量。抗扰度裕量是指抗扰度限值与电磁兼容水平的比值。抗扰度限值是指感受器要求达到的最小抗扰度水平。抗扰度裕量越大，感受器抵抗由于电磁兼容水平升高或自身抗扰性能降低而失去电磁兼容性的能力就越强。

（4）电磁兼容裕量。电磁兼容裕量是抗扰度限值与发射限值的比值，这个值越大，对电磁兼容性越有利。

# 234. 低压配电装置的布置有哪些基本规定?

根据《低压配电设计规范》（GB 50054—2011），低压配电装置的布置应符合以下规定：

（1）配电室的位置应靠近用电负荷中心，应设置在尘埃少、腐蚀介质少、周围环境干燥和无剧烈振动的场所，并宜留有发展余地。

（2）配电设备的布置应遵循安全、可靠、适用和经济等原则，并应便于安装、操作、搬运、检修、试验和监测。

（3）配电室内除本室需用的管道外，不应有其他的管道通过；室内水、气管道上不应设置阀门和中间接头；水、气管道与散热器的连接应采用焊接，并应做等电位联结；配电屏上、下方及电缆沟内不应敷设水、气管道。

## 235. 低压配电装置对建筑物的基本要求有哪些?

根据《低压配电设计规范》（GB 50054—2011），低压配电装置对建筑物有以下要求：

（1）配电室屋顶承重构件的耐火等级应不低于二级，其他部分应不低于三级。当配电室与其他场所毗邻时，门的耐火等级应按两者中耐火等级高的确定。

（2）配电室长度超过 7 m 时，应设 2 个出口，并宜布置在配电室两端。当配电室双层布置时，楼上配电室的出口应至少设一个通向该层走廊或室外的安全出口。配电室的门均应向外开启，但通向高压配电室的门应为双向开启门。

（3）配电室的顶棚、墙面及地面的建筑装修，应采用不宜积灰和不易起灰的材料；顶棚不应抹灰。

（4）配电室内的电缆沟应采取防水和排水措施。配电室的地面宜高出本层地面 50 mm 或设置防水门槛。

（5）当严寒地区冬季室温影响设备正常工作时，配电室应采暖。夏季炎热地区的配电室，还应根据地区气候情况采取隔热、通风或空调等降温措施。有人值班的配电室，宜采用自然采光。值班人员休息间内宜设给水、排水设施。附近无厕所时宜设厕所。

（6）位于地下室和楼层内的配电室，应设设备运输通道，并应设有通风和照明设施。

（7）配电室的门、窗关闭应密合；与室外相通的洞、通风孔应设防止鼠、蛇类等动物进入的网罩，其防护等级不宜低于现行国家标准《外壳防护等级（IP代码）》（GB 4208—2017）规定的IP3X级。直接与室外露天相通的通风孔应采取防止雨、雪飘入的措施。

# 236. 建筑低压配电导体应如何选择？

根据《民用建筑电气设计标准》（GB 51348—2019），选择建筑低压配电导体应符合以下规定：

（1）电线、电缆及母线的材质可选用铜或铝合金。

（2）消防负荷、导体截面积在 10 $mm^2$ 及以下的线路应选用铜芯。

（3）民用建筑的下列场所应选用铜芯导体：火灾时需要维持正常工作的场所，移动式用电设备或有剧烈振动的场所，对铝有腐蚀的场所，易燃、易爆场所，有特殊规定的其他场所。

（4）非消防负荷线缆的绝缘类型及燃烧性能选择应符合如下要求：

1）建筑高度超过 100 m 的公共建筑，应选择燃烧性能 $B_1$ 级以上、产烟毒性为 t0 级、燃烧滴落物/微粒等级为 d0 级的电线和电缆。

2）避难层（间）明敷的电线和电缆应选择燃烧性能不低于 $B_1$ 级、产烟毒性为 t0 级、燃烧滴落物/微粒等级为 d0 级的电线和 A 级电缆。

3）一类高层建筑中的金融建筑、省级电力调度建筑、省（市）级广播电视和电信建筑及人员密集的公共场所，应选用燃烧性能为

$B_1$ 级、产烟毒性为 t1 级、燃烧滴落物/微粒等级为 d1 级的电线电缆。

4）其他一类公共建筑应选择燃烧性能不低于 $B_2$ 级、产烟毒性为 t2 级、燃烧滴落物/微粒等级为 d2 级的电线和电缆。

5）长期有人滞留的地下建筑应选择产烟毒性为 t0 级、燃烧滴落物/微粒等级为 d0 级的电线和电缆。

6）建筑物内水平布线和垂直布线选择的电线和电缆燃烧性能宜一致。

（5）绝缘导体应符合工作电压的要求，室内敷设塑料绝缘电线应不低于 0.45 kV/0.75 kV，电力电缆应不低于 0.6 kV/1 kV。

（6）对于不轻易改变使用功能、不易更换电线电缆的场所，宜采用寿命较长的电线电缆。

## 237. 选择建筑低压电器的基本规定有哪些?

根据《民用建筑电气设计标准》（GB 51348—2019），选择低压电器应符合以下基本规定：

（1）选用的低压电器应满足以下 4 个基本要求：

1）电器的额定电压、额定频率应与所在回路标称电压及标称频率相适应。

2）电器的额定电流应不小于所在回路的计算电流。

3）电器应适应所在场所的环境条件。

4）电器应满足短路条件下的动稳定与热稳定的要求，用于断开短路电流的电器应满足短路条件下的通断能力。

（2）当维护、测试和检修设备需断开电源时，应设置隔离电器。隔离电器宜采用同时断开电源所有级的多级隔离电器。检修时宜断开与被保护设备最近一级的隔离电器。当误操作隔离电器会造成严重事